Gueyraud Rolland Kipré

Résistance à la chloroquine : nouvelle alternative thérapeutique

Gueyraud Rolland Kipré

Résistance à la chloroquine : nouvelle alternative thérapeutique

Essai de potentialisation de la chloroquine

Presses Académiques Francophones

Impressum / Mentions légales
Bibliografische Information der Deutschen Nationalbibliothek: Die Deutsche Nationalbibliothek verzeichnet diese Publikation in der Deutschen Nationalbibliografie; detaillierte bibliografische Daten sind im Internet über http://dnb.d-nb.de abrufbar.
Alle in diesem Buch genannten Marken und Produktnamen unterliegen warenzeichen-, marken- oder patentrechtlichem Schutz bzw. sind Warenzeichen oder eingetragene Warenzeichen der jeweiligen Inhaber. Die Wiedergabe von Marken, Produktnamen, Gebrauchsnamen, Handelsnamen, Warenbezeichnungen u.s.w. in diesem Werk berechtigt auch ohne besondere Kennzeichnung nicht zu der Annahme, dass solche Namen im Sinne der Warenzeichen- und Markenschutzgesetzgebung als frei zu betrachten wären und daher von jedermann benutzt werden dürften.

Information bibliographique publiée par la Deutsche Nationalbibliothek: La Deutsche Nationalbibliothek inscrit cette publication à la Deutsche Nationalbibliografie; des données bibliographiques détaillées sont disponibles sur internet à l'adresse http://dnb.d-nb.de.
Toutes marques et noms de produits mentionnés dans ce livre demeurent sous la protection des marques, des marques déposées et des brevets, et sont des marques ou des marques déposées de leurs détenteurs respectifs. L'utilisation des marques, noms de produits, noms communs, noms commerciaux, descriptions de produits, etc, même sans qu'ils soient mentionnés de façon particulière dans ce livre ne signifie en aucune façon que ces noms peuvent être utilisés sans restriction à l'égard de la législation pour la protection des marques et des marques déposées et pourraient donc être utilisés par quiconque.

Coverbild / Photo de couverture: www.ingimage.com

Verlag / Editeur:
Presses Académiques Francophones
ist ein Imprint der / est une marque déposée de
OmniScriptum GmbH & Co. KG
Heinrich-Böcking-Str. 6-8, 66121 Saarbrücken, Deutschland / Allemagne
Email: info@presses-academiques.com

Herstellung: siehe letzte Seite /
Impression: voir la dernière page
ISBN: 978-3-8416-2194-8

Copyright / Droit d'auteur © 2013 OmniScriptum GmbH & Co. KG
Alle Rechte vorbehalten. / Tous droits réservés. Saarbrücken 2013

THÈSE UNIQUE   *BIOCHIMIE - PARASITOLOGIE*

REPUBLIQUE DE COTE D'IVOIRE
Union - Discipline -Travail

MINISTERE DE L'ENSEIGNEMENT SUPERIEUR
ET DE LA RECHERCHE SCIENTIFIQUE

**UNIVERSITE
DE COCODY-ABIDJAN**

UFR BIOSCIENCES
22 BP : 582 Abidjan 22
Tél. /Fax : 22 44 44 73
Courriel : biosciences@univ-cocody.ci
ufrbiosciences@yahoo.fr

LABORATOIRE DE PHARMACODYNAMIE BIOCHIMIQUE

Présentée à l'UFR Biosciences pour obtenir le titre de

DOCTEUR D'UNIVERSITE
SPECIALITE : BIOCHIMIE - PARASITOLOGIE

Par

KIPRE GUEYRAUD ROLLAND

THEME :

ACTIVITE ANTIPLASMODIALE D'*OLAX SUBSCORPIOIDEA* ET *MORINDA MORINDOIDES* EN CULTURE *IN VITRO* ET ESSAI DE POTENTIALISATION DE LA CHLOROQUINE.

Soutenue publiquement le 23 décembre 2010, devant le jury composé de :

M. TANO YAO	Professeur Titulaire	Université Félix H. Boigny	Président
M. DJAMAN ALLICO JOSEPH	Professeur Titulaire	Université Félix H. Boigny	Directeur de Thèse
M. YAPO ANGOUE PAUL	Professeur Titulaire	Université Nangui Abrogoua	Examinateur
M. COULIBALY ADAMA	Maître de Conférences	Université Félix H. Boigny	Examinateur
M. GUEDE ZIRIHI NOEL	Maître de Conférences	Université Félix H. Boigny	Examinateur
M. BIEGO GODI HENRI	Maître de Conférences	Université Félix H. Boigny	Examinateur

« *Si quelqu'un croit savoir quelque chose, il n'a pas encore connu comme il faut connaître* » **I Corinthiens 8 : 2.**

Alors, je voudrais demeurer toute ma vie un apprenant !

DEDICACES

<u>A mon Dieu et Seigneur Jésus-Christ</u>
Que tous ceux qui craignent l'Eternel disent que sa miséricorde dure à toujours. Oh Eternel, Tu as soutenu pendant toutes ces années ton serviteur, aujourd'hui mon âme Te loue et Te remercie pour tous tes bienfaits.

<u>A mon père et à ma mère</u>
Feu GOGOUA KIPRE et Feue TOLY JEANINE
Reconnaissant pour la vie que vous m'avez donnée. Vous auriez été fiers de moi si la mort ne nous avait pas séparés si tôt. Reposez en paix !

<u>A ma fiancée Kragbé Sonia Paule</u>
Dans un moment où ma vie se trouvait dans une situation difficile, tu n'as pas hésité à me tendre la main pour me soutenir. Ta présence à mes cotés a été cette étincelle qui fait renaitre en moi la force de lutter. Je te remercie de m'avoir aimé sans rien attendre en retour. Aujourd'hui, je sais que notre rencontre restera pour moi l'un des moments les plus extraordinaires de ma vie. Puisse Dieu nous unir par les liens du mariage pour la vie.

<u>A mes frères et sœurs</u>
Vous avez toujours été là pour m'encourager et me soutenir.

<u>A ma famille spirituelle de l'Eglise Universelle du Royaume de Dieu</u>
Vos prières et vos conseils ont été pour moi un soutien inébranlable.

<u>A Logbo Dodou Casimir</u>
Merci de m'avoir accueilli sous ta tutelle et de m'avoir permis de poursuivre mes études Trouve ici l'expression de toute ma reconnaissance.

<u>A mes amis</u>
Dr Bagré Issa, Dr Bla Kouakou Brice, Ouattara Lacinan, Siaka Koffi Mathias, Kouassi Thalès, etc.
Merci pour votre amitié sans faille.

REMERCIEMENTS

- **A Monsieur le Professeur Djaman Allico Joseph,**
  Professeur Titulaire de Biochimie-parasitologie, Directeur du Laboratoire de Pharmacodynamie-Biochimique de l'UFR Biosciences de l'Université de Cocody. Chef de service de Biochimie médicale et fondamentale à l'Institut Pasteur de Côte d'Ivoire.
  Je vous remercie d'avoir guidé mes premiers pas dans la recherche sur le paludisme. Recevez mon entière gratitude pour tous les moyens matériels et financiers que vous nous avez accordés tout au long de ce travail.

- **A feu Monsieur le Professeur Guédé-Guina Frédéric,**
  Professeur Titulaire de Biochimie, Directeur Honoraire du Laboratoire de Pharmacodynamie-Biochimique de l'UFR Biosciences de l'Université de Cocody. Directeur de thèse.
  « Un maître ne meurt pas, son savoir se transmet. »

Vous m'avez enseigné non seulement la biochimie mais vous m'avez inculqué l'amour de la recherche et la persévérance, qualités indispensables dans le monde de l'investigation scientifique.
Vous n'avez ménagé aucun effort malgré vos nombreuses occupations pour me guider et m'encadrer dans cette voie que j'ai choisie.
J'ai, ici, l'honneur d'exprimer ma profonde gratitude, pour avoir accepté de participer à ma formation.
Il est indéniable que votre empreinte m'aidera à promouvoir et à réussir ma vie professionnelle.
Merci très cher maître.

- **A notre Président du Jury de thèse**

    Monsieur le Professeur TANO Yao,
    Professeur Titulaire, Directeur du Laboratoire de Zoologie et de Biologie animale de l'UFR Biosciences de l'Université de Cocody,
    Qui nous fait l'honneur d'accepter la Présidence de notre Jury de thèse.
    Hommage respectueux.

- **A notre Jury de thèse,**

    ✓ **Monsieur YAPO Angoué Paul,** Professeur titulaire de physiopathologie à l'UFR Science de la Nature de l'Université d'Abobo-Adjamé.
    Je vous remercie d'avoir accepté d'être rapporteurs de ce travail sur *Plasmodium falciparum* et de nous apporter vos critiques et votre expérience en pharmacologie, soyez assurés de mon plus profond respect.

    ✓ **Monsieur COULIBALY Adama**, Maître de Conférences au Laboratoire de Pharmacodynamie Biochimique de l'UFR Biosciences de l'Université de Cocody.
    Votre ardeur au travail, votre esprit méthodique et vos suggestions ont été d'un apport dans la finalisation de cette thèse. Nous vous remercions du plus profond du cœur.

    ✓ **Monsieur ZIRIHI Guédé Noël**, Maître de Conférences au Laboratoire de Botanique de l'UFR Biosciences de l'Université de Cocody.
    Je vous remercie d'avoir accepté d'être rapporteur de ce travail sur le Plasmodium falciparum et de nous apporter vos critiques et votre expérience sur l'utilisation des plantes médicinales, soyez assurés de mon plus profond respect.

    ✓ **Monsieur BIEGO Henri**, Maître de Conférences au Laboratoire de Biochimie et Sciences des Aliments de l'UFR Biosciences de l'Université de Cocody.

C'est un honneur que vous nous faites en acceptant de participer au Jury de cette thèse. Votre jugement éclairé nous permettra surement d'apprendre d'avantage. Soyez assuré de l'expression de notre sincère et profond respect.

- **A Monsieur le Professeur Grellier Philippe,**

    Professeur titulaire, Directeur de l'USM 0504 "Biologie fonctionnelle des protozoaires" EA 3335 Département "Régulation, Développement, Diversité Moléculaire" du Muséum National d'Histoire Naturelle de Paris.

    Je vous remercie de m'avoir permis de bénéficier d'une bourse pour la réalisation des tests sur les souches de référence au sein de votre laboratoire.

- **A Monsieur le Professeur Jean Luc Mari,**

    Professeur Titulaire, Directeur du Master Compétence Complémentaire en Informatique de l'Université de Luminy-Marseille

    Merci de m'avoir permis de faire le master Bio-informatique dans votre département.

- **A Monsieur le Professeur Jean Delmont,**

    Merci de m'avoir permis de faire le D.U en épidémiologie au sein de votre laboratoire.

- **A Madame le Docteur Delphine Depoix,**

    Maitre de Conférence, Sous Directrice de l' l'USM 0504 "Biologie fonctionnelle des protozoaires" EA 3335 Département "Régulation, Développement, Diversité Moléculaire" du Muséum National d'Histoire Naturelle de Paris.

    Je vous remercie de m'avoir initié à la biologie moléculaire.

- **A tous les Enseignant-chercheurs du laboratoire de pharmacodynamie-biochimique,**

    Merci à vous pour vos conseils et vos encouragements.

- **A Monsieur Rovellotti Olivier,**

    Ingénieur Informaticien, Directeur de la société Natural Solution à Marseille.

    Merci de m'avoir permis la pratique de la programmation en informatique dans votre société.

PLAN

LISTE DES ABREVIATIONS 12

LISTE DES TABLEAUX ET FIGURES 13

INTRODUCTION 16

1 Introduction 17

1.1 Justification de l'étude 17

1.2 Objectifs du travail 18

2 Généralités sur le paludisme 19

2.1 Historique et Epidémiologie 19

2.1.1 Historique 19

2.1.2 Épidémiologie du paludisme 20

2.2 Cycle évolutif de *Plasmodium* 21

2.3 Diagnostic biologique 25

2.3.1 Diagnostic microscopique 25

2.3.2 Diagnostic sérologique 25

2.3.3 Diagnostic moléculaire 26

2.4 Lutte contre le paludisme 26

2.4.1 Lutte anti-vectorielle 26

2.4.2 Vaccins antipaludiques 27

2.4.3 Système immunitaire humain 27

2.5 Mode d'action et mécanisme de résistance des antipaludiques 29

2.5.1 Mode d'action des antipaludiques usuels 29

2.5.1.1 Schizonticides électives 29

2.5.1.2 Inhibiteurs des acides nucléiques ou antimétabolites 31

2.5.2 Mécanisme moléculaire de la résistance de *P. falciparum* 32

3. Généralités sur la chimiorésistance 34

3.1 Facteurs favorisant la résistance 35

3.2 Etude de la chimiorésistance 36

3.2.1 Test de l'efficacité thérapeutique 36

3.2.2 Test *in vitro* 37

3.2.2.1 Culture *in vitro* de *P. falciparum* 38

3.2.2.2 Potentialisation 38

3.2.3 Test moléculaire 39

3.2.4 Dosage de médicaments dans le sang 40

4 Généralités sur la recherche des antipaludiques 41

4.1 Recherche à partir de cibles biologiques 41

4.1.1 Cibles responsables des processus se produisant dans la vacuole digestive 41

4.1.1.1 Dégradation de l'hémoglobine 42

4.1.1.2 Polymérisation de l'hème 42

4.1.2 Cibles intervenant dans la production des enzymes impliqués dans la synthèse des macromolécules et des métabolites 43

4.1.2.1 Enzymes de synthèse des biomolécules chez *Plasmodium* 43

4.1.2.2 Respiration et le système redox chez *Plasmodium* 44

4.1.2.3 Glycolyse 45

4.1.2.4 Métabolisme des protéines 46

4.1.2.5 Métabolisme des lipides 47

4.1.2.6 Voies métaboliques des ions chez *Plasmodium* 49

4.1.2.7 Métabolisme des acides nucléiques 49

4.2 Recherche par voie extractive 50

5 Description d'*Olax subscorpioidea* et de *Morinda morindoides* 54

5.1 Description d'*Olax subscorpioidea* 54

5.1.1 Présentation 54

5.1.2 Utilisations traditionnelles 54

5.1.3 Données pharmacologiques 54

5.2 Description de *Morinda morindoides* 55

5.2.1 Présentation 55

5.2.2 Utilisations traditionnelles 55

5.2.3 Données pharmacologiques 55

MATERIEL ET METHODES 58

1 Site de l'étude 59

2 Matériels 59

2.1 Parasites 59

2.2 Milieux de culture et réactifs pour le test *in vitro* 59

2.3 Réactif de coloration 60

2.4 Milieux de congélation/décongélation des souches de *P. falciparum* 60

2.5 Composés utilisés pour l'évaluation de l'activité antiplasmodiale 60

3 Méthodes 61

3.1 Préparation des extraits et fractions de OLSU et BGG 61

3.2 Préparation de la solution de RPMI 63

3.3 Préparation du milieu de culture 63

3.4 Préparation des érythrocytes non-infectés 63

3.5 Technique de mise en culture continue des souches de *P. falciparum* 64

3.6 Technique de décongélation des souches de *P. falciparum* 65

3.6.1 Préparation de la solution de décongélation 65

3.6.2 Décongélation 65

3.7 Techniques de congélation des souches de *P. falciparum* 66

3.7.1 Préparations de solutions de congélation 66

3.7.2 Congélation 66

3.8 Technique de synchronisation des cultures de souches de *P. falciparum* 67

3.8.1 Sélection des formes âgées 67

3.8.2 Lyse des formes âgées 67

3.9 Test de chimiosensibilité *in vitro* de *P. falciparum* aux antipaludiques 67

3.9.1 Dilution des drogues et chargement des plaques 67

3.9.1.1 Dilution du principe actif de la chloroquine 67

3.9.1.2 Dilution du principe actif de la Pyriméthamine 68

3.9.1.3 Dilution des extraits et des fractions de OLSU et de BGG 68

3.9.2 Association l'extrait C de OLSU et de BGG à la chloroquine 68

3.9.3 Préparation de l'échantillon de globules rouges parasités 69

3.9.4 Mise en culture de l'inoculum 70

3.9.5 Collecte cellulaire et comptage 70

3.9.5.1 Tests isotopiques 70

3.9.5.2 Tests microscopiques 71

3.9.6 Méthodes d'analyse des résultats 71

3.9.6.1 Détermination de la CI_{50} et CI_{90} 71

3.9.6.2 Méthodes statistiques 71

3.9.6.3 Calcul de l'index de potentialisation de la chloroquine 72

3.9.6.4 Isobologramme 73

RESULTATS 74

1 Effet de la nature du sérum du la croissance des souches 75

2 Chimiosensibilité des souches de *P. falciparum* à OLSU et BGG 79

3 Chimiosensibilité *in vitro* des isolats de *P. falciparum* à la CQ et OLSU 82

4 Relation entre la densité parasitaire initiale et l'expression du phénotype des isolats à

la chloroquine 84

5 Activité de la chloroquine associée à différentes concentrations de la fraction C de OLSU

et de BGG sur les souches 87

5.1 Association chloroquine/extrait C de OLSU 87

5.1.1 Association chloroquine/extrait C de OLSU sur les souches de référence chloroquino-

résistantes 87

5.1.2 Association chloroquine/extrait C de OLSU sur la souche chloroquino-sensible (F32) 92

5.2 Association chloroquine/extrait C de BGG ...94

6 Activité de la chloroquine associée à différentes concentrations de l'extrait C de OLSU sur les isolats plasmodiaux ...98

6.1 Association chloroquine/extrait C de OLSU sur les isolats chloroquino-résistants ...98

6.2 Association chloroquine/ extrait C de OLSU sur les isolats chloroquino-sensibles ...103

DISCUSSION ET CONCLUSION ...106

1 Discussion ...107

1.1 Rôle de la Nature du sérum humain sur la croissance des souches de *P. falciparum* ...107

1.2 Relation entre la densité parasitaire initiale et l'expression du phénotype des isolats à la chloroquine ...108

1.3 Activité antiplasmodiale de OLSU et de BGG ...109

1.4 Potentialisation de la chloroquine ...110

1.4.1 Interaction chloroquine /extrait C de OLSU sur *P. falciparum* ...110

1.4.2 Interaction chloroquine extrait C de BGG sur *P. falciparum* ...112

2 Conclusion ...113

REFERENCES BIBLIOGRAPHIQUES ...114

ANNEXES ...158

LISTE DES ABRÉVIATIONS

AEI : Activity Enhancement Index

BGG : Nom codifié de *Morinda morindoides*

CI_{50} : Concentration inhibitrice 50%

CI_{90} : Concentration inhibitrice 90%

CQ-S : Chloroquinorésistant

CQ-R : chloroquinosensible

DMSO : Diméthylsulfoxyde

DPi : Densité parasitaire initiale

EDTA : éthylène-diamine-tétraacétique

GRP : Globule rouge parasité

HEPES : acide 4-(2-hydroxyéthyl)-1-pipérazine éthane sulfonique

IS : Isolat

Moy : moyenne

OLSU : Nom codifié d'*Olax subscorpioidea*

PYR-S : Sensible à la pyriméthamine

PYR-R : Résistant à la pyriméthamine

RPMI 1640 : Roswell Park Memorial Institute Medium 1640

SND : Sérum non décomplémenté

SR : Sérum décomplémenté

LISTES DES TABLEAUX ET FIGURES

TABLEAUX

Tableau I : Comparaison du taux de maturation des souches en fonction du sérum ajouté au milieu de culture en absence d'antipaludiques 62

Tableau II : Sensibilité des souches de *P. falciparum* aux molécules usuelles 62

Tableau III : Sensibilité *in vitro* de *P. falciparum* (souches de référence) à la pyriméthamine et à la chloroquine en fonction de la nature du sérum utilisé 63

Tableau IV: CI_{50} des souches de *P. falciparum* aux fractions de OLSU et BGG 66

Tableau V : Activité *in vitro* de la chloroquine et de la fraction-C de OLSU sur des isolats de *P. falciparum* 68

Tableau VI : Expression du phénotype des isolats en fonction de la DPi 71

Tableau VII : Concordance entre la densité parasitaire initiale et le phénotype des isolats de *P. falciparum* 71

Tableau VIII : Activité *in vitro* de la chloroquine associée à la fraction-C de OLSU des souches de *P. falciparum* résistantes 74

Tableau IX : Activité *in vitro* de la chloroquine associée à la fraction C de OLSU la souche chloroquino-sensible F32 78

Tableau X : Activité *in vitro* de la chloroquine associée à la fraction C de BGG sur des souches de *P. falciparum* résistantes 80

Tableau XI : Activité *in vitro* de la chloroquine associée à la fraction C de BGG sur la souche chloroquino-sensible F32 80

Tableau XII : Activité *in vitro* de la chloroquine associée à la fraction C de OLSU sur des isolats de *P. falciparum* chloroquino-résistant 84

Tableau XIII : Activité *in vitro* de la chloroquine associée à la fraction C de OLSU sur des isolats de *P. falciparum* chloroquino-sensible 89

FIGURES

Figure 1 : Cycle évolutif du *Plasmodium* 9

Figure 2 : Photographies d'*Olax subscorpioidea (Oliv.)* et *Morinda morindoides (Back.)* 42

Figure 3 : Protocole d'extraction des extraits de OLSU et de BGG 47

Figure 4: Taux de maturation en schizontes de *P. falciparum* en fonction de la souche plasmodiale et de la nature du sérum 61

Figure 5 : Inhibition de la maturation de *P. falciparum* (souche FCB1) par l'extrait C de OLSU et de BGG 65

Figure 6 : Répartition de la résistance en fonction de la densité parasitaire initiale 70

Figure 7 : Inhibition de la maturation de *P. falciparum* (souche FCB1) par la chloroquine associée à des concentrations variantes de OLSU (Extrait C) 73

Figure 8: Interaction CQ-fraction C de OLSU sur la souche K1 75

Figure 9: Interaction CQ-fraction C de OLSU sur la souche PFB 75

Figure 10 : Interaction CQ-fraction C de OLSU sur la souche FCB1 76

Figure 11 : Interaction CQ-fraction C de OLSU sur la souche F32 78

Figure 12 : Interaction CQ-fraction C de BGG sur la souche K1 81

Figure 13 : Interaction CQ-fraction C de BGG sur la souche F32 81

Figure 14 : Interaction CQ-fraction C de BGG sur la souche FCB1 82

Figure 15 : Interaction CQ-fraction C de BGG sur la souche F32 82

Figure 16 : Interaction CQ-fraction C de OLSU sur l'isolat AO 85

Figure 17 : Interaction CQ-fraction C de OLSU sur l'isolat TA 85

Figure 18 : Interaction CQ-fraction C de OLSU sur l'isolat SM 86

Figure 19 : Interaction CQ-fraction C de OLSU sur l'isolat AM 86

Figure 20 : Interaction CQ-fraction C de OLSU sur l'isolat TM 87

Figure 21 : Interaction CQ-fraction C de OLSU sur l'isolat KM 87

Figure 22 : Interaction CQ-fraction C de OLSU sur l'isolat IM 90

Figure 23 : Interaction CQ-fraction C de OLSU sur l'isolat LF 90

INTRODUCTION

1 Introduction

1.1 Justification de l'étude

Le paludisme demeure l'une des maladies parasitaires les plus fréquentes dans le monde et probablement l'une des plus meurtrières de toutes les affections humaines. Le bilan n'est guère optimiste car 3,3 milliards de personnes sont exposées aux méfaits de cette pathologie, soit plus de 41 % de la population mondiale (WHO, 2008). Chaque année, 300 à 500 millions de personnes sont atteintes de paludisme, souvent sous sa forme grave, avec 1,5 à 2,7 millions de décès (OMS, 1998 ; Greenwood et Mutabingwa, 2002 ; Snow et al., 2005 ; Bray et al., 2006) dont 90% surviennent en Afrique subsaharienne (Breman et al., 2004 ; Snow et al., 2005). Malheureusement, ce sont surtout les enfants de moins de 5 ans (WHO, 2002 ; OMS, 2005 ; Rowe et al., 2006 ; Mabunda et al., 2008) et les femmes enceintes (les primigestes) (McGregor et al., 1983 ; Bricaire et al., 1993 ; Steketee et al., 1996, Rogerson et al., 2007 ; Tan et al., 2008) qui payent le plus lourd tribut de mortalité pour la plupart en Afrique sub-saharienne.

Aujourd'hui, la situation du paludisme dans le monde est exacerbée par la résistance confirmée des parasites à la plupart des antipaludiques (Trigg, et al., 1997 ; Djaman et al., 2004 ; Barnes et White, 2005, Barnadas et al., 2008) et par l'installation d'une multirésistance des vecteurs aux insecticides (Touze et Charmot, 1993 ; Casimiro et al., 2006).

Située en Afrique subsaharienne, la Côte d'Ivoire est une zone de paludisme à transmission permanente avec des pics saisonniers pendant lesquels le paludisme constitue 30 à 40% des états morbides surtout chez les enfants (Rey et al., 1987 ; N'Guessan et al., 1990) et représente 10% de toutes les causes de mortalité (Mouchet et al., 1993). Toutes les tranches d'âge sont concernées, mais les populations les plus vulnérables sont les enfants de moins de 5 ans et les femmes enceintes. Jusqu'à une date récente (19 juillet 2003), la politique nationale de lutte contre le paludisme dans ce pays recommandait la chloroquine comme médicament de première intention et la sulfadoxine-pyriméthamine en deuxième intention pour le traitement de l'accès palustre non compliqué (Sibley et al., 2001). Depuis l'émergence du paludisme chloroquinorésistant en 1986 dans les pays de l'Afrique de l'Ouest (Nicoulet et al., 1987 ; Guiguemde et al., 1991 ; Penali et al., 1993 ; Henry et al., 2002), la surveillance et l'étude de la chimiorésistance de *P. falciparum* sont devenues une préoccupation (Blanchy et al., 1993 ; Le Bras et al., 1993). L'extension des souches de *P. falciparum* résistantes aux antipaludiques usuels aggrave le pronostic de la maladie et complique les schémas thérapeutiques jusque-là appliqués.

La stratégie mondiale actuelle de lutte contre le paludisme élaborée par l'OMS comporte quatre volets : (i) le diagnostic précoce et le traitement rapide des cas, (ii) la planification et la mise en œuvre de mesures de prévention sélectives et durables, y compris la lutte anti-vectorielle, (iii) la détection rapide, l'éradication ou la prévention des épidémies et enfin (iv) le renforcement des capacités locales dans le domaine de la lutte contre le paludisme en tenant compte des déterminants écologiques, sociaux et économiques de la maladie (OMS et OPS, 2000).

Le présent travail s'inscrit dans la dernière recommandation de l'OMS. Il a pour but d'une part d'orienter nos recherches vers de nouvelles substances antiplasmodiales issues de la flore ivoirienne et d'autre part de trouver des substances naturelles capables de reverser la résistance à la chloroquine, molécule à la portée des bourses des populations malades.

Notre méthode d'approche est d'extraire des composés à activité antiplasmodiale à partir des plantes traditionnellement utilisées par les tradithérapeutes pour traiter le paludisme. Ces composés peuvent conduire à l'isolement de nouvelles molécules antipaludiques comme le cas de la quinine issue des écorces de quinquina (Bruce-chwatt, 1988 ; Le Bras *et al.*, 1993) et de l'artémisinine isolée à partir de *Artemisia annua L.* et utilisée depuis de milliers d'années par les chinois (Tu, 1981 ; Ridley, 1998). Il est important de faire des investigations sur les plantes de la flore ivoirienne, d'établir leur potentiel bioactif, puis, de déterminer leur potentialité comme source de nouvelles drogues antipaludiques et/ou potentialisatrices de molécules usuelles.

1.2 Objectifs du travail

L'objectif général de cette étude est d'étudier l'activité antiplasmodiale d'*Olax subscorpioidea* (OLSU) et de *Morinda morindoides* (BGG) en culture *in vitro* et d'apprécier leur pouvoir potentialisateur de la chloroquine.

Les objectifs spécifiques sont les suivants :

1. Evaluer l'activité antiplasmodiale des extraits d'*Olax subscorpioidea* (OLSU) et de *Morinda morindoides* (BGG) en culture *in vitro*,

2. Evaluer l'effet d'association chloroquine-OLSU et chloroquine-BGG sur des souches de laboratoire et des isolats de la nature de *Plasmodium falciparum* en culture *in vitro*,

3. Déterminer le rôle de la nature du sérum sur la croissance des souches de laboratoire de *P. falciparum* en culture *in vitro*, et

4. Déterminer le rôle de la densité parasitaire initiale sur la sensibilité à la chloroquine des isolats de *P. falciparum* en culture *in vitro*.

2 Généralités sur le paludisme
2.1 Historique et épidémiologie
2.1.1 Historique

Le paludisme, maladie parasitaire transmise par un moustique du genre *Anopheles* et causé par un petit parasite protozoaire du genre *Plasmodium* qui infecte alternativement les hôtes humains et les insectes, a vu son histoire décrite depuis plus de 2000 ans ! Dès l'Egypte ancienne (1600 à 600 avant J.C.), on notait déjà sur papyrus des fièvres liées à certains phénomènes météorologiques (Blanc, 1980).

Les grands médecins arabes, tels Avicenne ou Avenzoar, héritiers du savoir gréco-latin, apportèrent quelques progrès à la connaissance clinique du paludisme (les splénomégalies) et insistèrent sur l'influence néfaste des marécages et le rôle probable des moustiques. La malaria leur apparut directement liée à l'insecte : «une terre malsaine est une terre buissonnière et marécageuse infestée de moustiques qui sont le nid du mal» d'après Harès ibn Khalda (Blanc, 1980). Du marécage émanait le «mauvais air», la malaria pour les italiens, le terme paludisme provenant de l'ancien français «palud» qui n'était autre que le marais.

Au XVIIème siècle, le quinquina importé d'Amérique est pour la première fois utilisé pour combattre les fièvres. Cette poudre, aussi dénommée poudre des Jésuites, poudre de la Comtesse ou poudre du Cardinal, devra attendre 1820 et Caventou pour que ce dernier en extrait la quinine.

Au XVIIIème siècle, les progrès de la construction navale ouvrent les routes maritimes à la navigation hauturière à des explorateurs comme Cook, Bougainville et La Pérouse. Les médecins embarqués sont confrontés à des fièvres tropicales similaires aux fièvres des marais d'Europe.

Il faudra attendre le XIXème siècle pour découvrir l'hématozoaire responsable du paludisme grâce à Alphonse Laveran, médecin militaire au «service des fiévreux» en Algérie qui, en 1880, mit en évidence l'origine parasitaire des cellules observées, le *Plasmodium*.

Successivement, furent mis en évidence après le sous-genre *P. falciparum* (Welch, 1897) qui n'a qu'une seule génération de schizontes exoérythrocytaires et dont les gamétocytes sont falciformes, le sous-genre *Plasmodium* qui comprend *P. vivax* (Grassi et Feletti, 1890), *P. malariae* (Laveran, 1881), *P. ovale* (Stephens, 1922) et récemment *P. knowlesi* (Cox-Singh et Singh, 2008 ; Bronner *et al.*, 2009 ; Lee *et al.*, 2009). L'hypothèse d'une transmission par la femelle d'un moustique du genre *Anopheles* a été d'abord émise puis, en 1887 Ronald Ross déclare que l'anophèle était le vecteur du paludisme. Enfin, les travaux de Grassi vont confirmer cette déclaration en 1898. Cette même année, Batista et Bignami décrivirent le cycle de reproduction du *Plasmodium* et en 1900, Schandinu en nomme les différents stades.

Les ravages dus au paludisme pendant la première guerre mondiale vont susciter la recherche et la mise à disposition de nouvelles molécules antipaludiques telles que les dérivés des amino-8-quinoléines, des amino-9-acridines et des amino-4-quinoléines dont la plus représentative est la chloroquine (Bruce-Chwatt *et al.*, 1984 ; Bryskier et Labro, 1988). Cette molécule sera largement utilisée aussi bien en prophylaxie qu'en traitement curatif.

En 1950, l'OMS lance un programme d'éradication du paludisme à l'échelle mondiale : «le monde uni contre le paludisme». Ce cri d'alarme va permettre le développement de nombreux antipaludiques de synthèse dont les plus connus sont l'amodiaquine, la pyriméthamine, le cycloguanil et le proguanil. En 1971, l'activité antiplasmodiale d'un extrait d'*Artemisia annua L.* dont le principe actif est l'artémisinine sera mise en évidence (Bryskier et Labro, 1988). Malheureusement, malgré le nombre relativement considérable d'antipaludiques disponibles depuis l'identification et l'isolement des deux alcaloïdes fondamentaux des écorces de quinquina (quinine et cinchonine) en 1820 par Pelletier et Caventou, l'OMS met fin au programme mondial d'éradication du paludisme à cause de son insuccès car l'enthousiasme thérapeutique est menacé par l'apparition dès le début des années 60 des premiers cas de résistance à la chloroquine. Suite à l'échec de ce programme, ainsi qu'à de nombreux cas de paludisme parmi les troupes américaines envoyées au Vietnam, un vaste programme de criblage a été entrepris par l'armée américaine et va permettre de découvrir la méfloquine et l'halofantrine qui seront plus tard développées par les firmes pharmaceutiques. Mais, malheureusement, la sombre histoire du paludisme continue à tel point que la période 2001-2010 a été déclarée par les Nations Unies « décennie pour faire reculer le paludisme dans les pays en développement ».

2.1.2 Epidémiologie du paludisme

La simultanéité des événements suivants concourt à l'apparition du paludisme (Golvan, 1983) :

i- La présence d'hommes porteurs de gamétocytes de *Plasmodium* dans le sang. En général, les enfants sont porteurs de gamétocytes plus fréquemment que les adultes. L'enfant est donc épidémiologiquement considéré comme meilleur «réservoir» de parasites que l'adulte.

ii- L'existence d'une population d'anophèles vecteurs qui, lors de leur repas sanguin sur l'homme impaludé, puisent ces gamétocytes et assurent la multiplication sexuée du parasite.

iii- La présence d'hommes réceptifs au *Plasmodium*, en particulier les enfants autochtones et les immigrants en date récente. Les vecteurs infectés inoculeront à l'homme sain, en le piquant, les sporozoïtes (formes infestantes des plasmodies).

iv- Au rang des conditions écologiques nécessaires à la vie de l'anophèle et à celle du *Plasmodium* qu'il héberge, il faut citer l'exigence thermique (Mouchet et Carnevale, 1997). En outre, comme pour toute maladie transmissible, il faut qu'il soit atteint un seuil d'épidémisation, c'est-à-dire une densité critique de réservoir de parasites d'anophèles et de sujets réceptifs pour que le paludisme puisse paraître et se manifester ensuite comme cas sporadiques ou cas d'épidémies vraies.

De façon générale, il existe une différence de transmission entre les pays du sud et les pays du nord (Koné *et al.*, 1990). En 1990, l'OMS distingua trois zones de degré de transmission variable :

-les zones où la transmission du paludisme est solidement implantée ; elles sont limitées aux zones tropicales et subtropicales : pays de l'Afrique sub-saharienne, Asie, Amérique du sud.

-Les zones à risques limitées : pays de l'Afrique du nord.

-les zones dans lesquelles le paludisme a disparu ou a été supprimé ou n'a jamais sévi : Europe, Amérique du nord, Antilles (sauf Haïti), et l'Australie.

2.2 Cycle évolutif de *Plasmodium*

Le *Plasmodium* appartient à l'embranchement des *Apicomplexa*, à la classe des *Aconoidasida*, à l'ordre des *Haemosporida,* à la famille des *Plasmodiidae* (Levine, 1988)

Le *Plasmodium* prend de nombreuses formes au cours de son cycle de vie complexe chez les vertébrés et les hôtes invertébrés (Whitten et *al.*, 2006) (figure 1).

Bien que le rôle de l'anophèle femelle soit reconnu dans la transmission de la maladie par le passé, ce n'est qu'en 1948 que toutes les phases du cycle de développement de *Plasmodium* ont été élucidées. Ce cycle se subdivise en deux phases. Une phase asexuée encore appelée schizogonie se déroule chez l'homme, l'hôte intermédiaire, et une phase sexuée ou sporogonie a lieu chez l'hôte définitif, l'anophèle femelle.

- **Schizogonie** (cycle asexué chez l'homme)

La piqûre d'une femelle d'anophèle infectée introduit dans la circulation sanguine le *Plasmodium* sous sa forme primitive appelée sporozoïte. Les sporozoïtes envahissent les hépatocytes décrivant la schizogonie hépatique ou exo-érythrocytaire (Russel, 1983; King, 1988). Après une phase de multiplication asexuée ils donnent naissance à des schizontes hépatiques. Cette phase dure 6 à 15 jours selon les espèces et est cliniquement silencieuse (Ananda et Puri, 2005). A maturité les schizontes éclatent avec l'hépatocyte et libèrent les mérozoïtes. Ces derniers gagnent la circulation sanguine et vont envahir les hématies déterminant la schizogonie sanguine ou endo-érythrocytaire (Matuschewski *et al.*, 2002).

Le mérozoïte se développe dans l'hématie au sein d'une vacuole parasitophore. Au cours de ce cycle érythrocytaire le parasite provoque des modifications importantes dans le métabolisme des hématies infectées afin d'assurer sa survie (Ginsburg *et al.*, 1983 ; Kirk, 2001 ; Krugliak *et al.*, 2002). Il évolue successivement en anneau, trophozoïte, schizonte puis en corps en rosace. Le parasite internalise le contenu de l'hématie par pinocytose (Slomianny *et al.*, 1985). Ce processus conduit à la dégradation de l'hémoglobine et à la formation du pigment malarique (hémozoïne). A maturité le corps en rosace éclate et libèrent de nombreux mérozoïtes qui peuvent pénétrer de nouvelles hématies. Après quelques cycles érythrocytaires, certains parasites se différencient en gamétocytes, formes sexuées mâles et femelles.

Avec *P. falciparum*, les formes en anneau (trophozoïtes) et les gamétocytes sont habituellement présents dans le sang périphérique. Les formes en développement semblent adhérer aux vaisseaux sanguins de grands organes comme le cerveau et restreignent les flux sanguins avec de graves conséquences. Par ailleurs, ces cycles érythrocytaires suivent une certaine périodicité et déterminent soit une fièvre dite tierce ou schizogonie de 48 H avec *P. falciparum, P. vivax* et *P. ovale* (Esposito *et al.*, 2008), soit une fièvre dite quarte ou schizogonie de 72 H avec *P. malariae*.

- **Sporogonie** (cycle sexué chez l'Anophèle)

L'anophèle femelle, principalement *Anopheles gambiae* en Côte d'Ivoire (Dossou-Yovo *et al.*, 2001), au cours d'un repas sanguin (chez un sujet infesté porteurs de gamétocytes) nécessaire pour la maturation de ses œufs, ingère des trophozoïtes, des schizontes et des gamétocytes. Dans l'estomac du moustique, les trophozoïtes et les schizontes sont digérés tandis que subsistent les gamétocytes qui se transforment en gamètes mâles par exflagellation et en gamètes femelles par expulsion de corpuscules chromatiniens. Les gamètes mâles et femelles fusionnent pour donner l'ookinète (œuf mobile) (Sinden, 1983; Matuschewski, 2006) qui migre dans le tube digestif de l'insecte et se fixe à la paroi de l'estomac où il se transforme en un oocyste dans lequel s'individualisent de nombreux sporozoïtes (Siden-Kiamos et Louis, 2004). Après environ 14 jours, l'oocyste éclate et libère des sporozoïtes qui gagnent les glandes salivaires du moustique (Sinden et Matuschewski, 2005) et s'y accumulent avec un pouvoir infestant environ 1000 fois plus élevé que les formes oocystiques (Vanderberg, 1975). Ils seront inoculés à un sujet lors d'une prochaine piqûre. La durée du cycle sporogonique varie de 10 à 40 jours et est fonction de la température et de l'espèce plasmodiale. D'une manière générale, en dessous de 16°C, le cycle sporogonique ne peut s'accomplir. Les conditions optimales sont, une température de 20° à 30°C et une humidité d'au moins 60 % (Golvan, 1983).

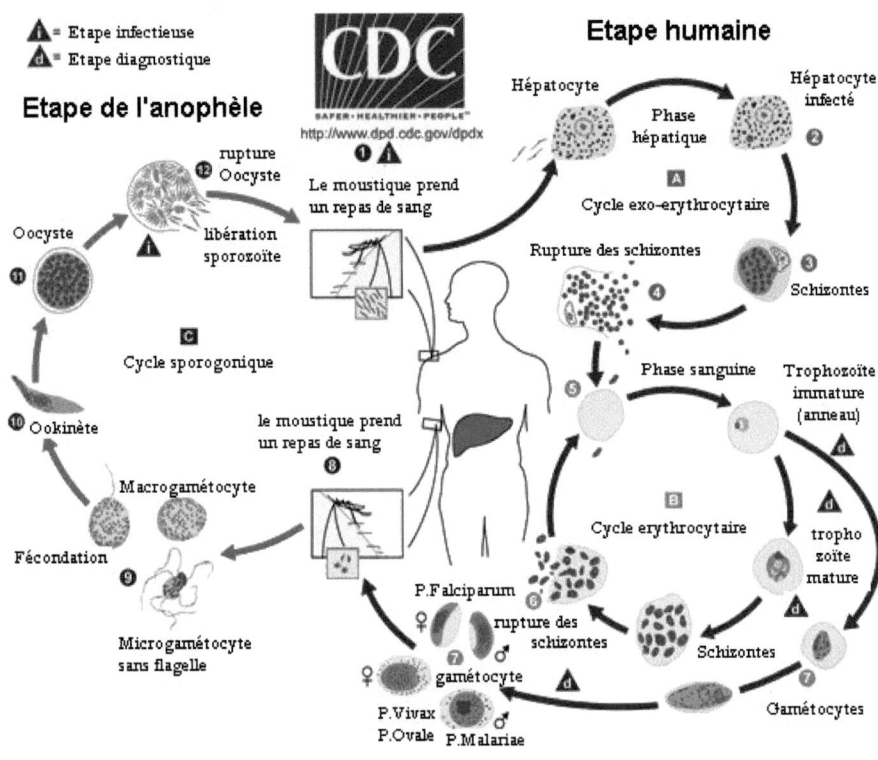

Figure 1 : Cycle évolutif du *Plasmodium* (*http://www.dpd.cdc.gov.dpdx*)

2.3 Diagnostic biologique

En zone d'endémie palustre, il est possible à partir des signes précurseurs qui apparaissent à la fin de la période d'incubation (généralement la fièvre) de diagnostiquer un accès palustre. Ce type de diagnostic pleinement justifié chez les sujets à risques que sont les enfants faiblement immuns, ne l'est pas chez les femmes enceintes et les immigrants en date récente (WHO, 2000). En effet, cette attitude peut entraîner la prescription de traitement injustifié pour des fièvres non palustres et majorer la pression médicamenteuse exercée sur le parasite, facteur de multiplication d'isolats résistants (Yavo *et al.*, 2002).

La mise en œuvre des programmes de lutte contre le paludisme intègre la recherche d'un diagnostic précoce et d'un traitement efficace. La clinique de cette affection n'étant pas toujours évocatrice d'un paludisme, une confirmation biologique est souvent nécessaire. Ainsi, ce n'est donc du laboratoire que peut provenir le diagnostic de certitude (WHO, 2002). Il existe plusieurs techniques de diagnostic biologique du *Plasmodium*.

2.3.1 Diagnostic microscopique (frottis et goutte épaisse)

Le frottis et la goutte épaisse permettent d'établir un diagnostic d'espèce (frottis sanguin) et de quantifier le nombre de parasites impliqués dans la survenue de l'accès palustre ou après administration d'un antipaludique (OMS, 1994). Dans les études d'évaluation et de suivi de l'efficacité thérapeutique des antipaludiques ou du test *in vivo* tel que recommandé par l'OMS, la goutte épaisse et le frottis sanguin demeurent les méthodes de référence à utiliser (Cooke *et al.*, 1999). Ces deux types de diagnostic ne nécessitent qu'un microscope optique et des colorants d'un coût modéré. La qualité du résultat dépend cependant de l'expérience de la personne réalisant cet examen.

A côté de ces deux méthodes, il y a la centrifugation en tube capillaire appelée QBC (Quantitative Buffy Coat). Elle met à profit la baisse de densité des hématies parasitées qui se rassemblent avec les leucocytes au niveau de l'interface avec le plasma (Spielman et *al.*, 1988)

2.3.2 Diagnostic sérologique

Il n'a pas d'intérêt pour un diagnostic d'urgence. La sérologie est surtout utilisée sur le plan épidémiologique et pour le diagnostic de certaines formes cliniques tel le paludisme viscéral évolutif, au cours duquel le taux d'anticorps est très élevé.

Les techniques les plus couramment utilisées sont l'immunofluorescence indirecte, l'hémagglutination passive, le test Elisa (Mackey, 1982 ; Ambroise-Thomas *et al.*, 1993).

Comme toute technique sérologique, elles nécessitent des réactifs annexes (antiglobulines humaines) ainsi qu'un microscope plus coûteux. Par ailleurs, elles ne peuvent répondre à l'urgence du diagnostic dans la mesure où résultat négatif ne peut exclure un accès palustre.

2.3.3 Diagnostic moléculaire (WHO, 2000)

Il s'agit certainement de la technique la plus sensible mais qui ne peut en aucun cas répondre au diagnostic d'urgence. Elle est très coûteuse, nécessitant un équipement et une compétence très particuliers. Elle permet une différenciation de souches et on la réserve essentiellement à l'étude des mutations des gènes impliqués dans la résistance. Les techniques de biologie moléculaire sont devenues indispensables sur le plan fondamental mais ne sont pas utilisables pour le diagnostic biologique d'accès palustre.

2.4 Lutte contre le paludisme

2.4.1 Lutte anti-vectorielle

Le degré de mise en œuvre des mesures anti-vectorielles varie fortement d'une région de l'OMS à l'autre.

Dans tout le territoire de la région africaine et de la région du Pacifique occidental, on utilise avec succès, dans divers contextes, des matériaux traités par des insecticides pour limiter la morbidité et la mortalité palustres sans risque pour la population. En Afrique subsaharienne, l'utilisation de moustiquaires et autres matériaux traités par des insecticides se répand peu à peu et passe du stade de projet à la mise en œuvre opérationnelle. Des programmes reposant sur l'utilisation de moustiquaires imprégnées d'insecticides (pyréthroïde) ont été mis en œuvre avec succès dans de nombreuses régions du monde (Petersen *et al.*, 1993 ; Carnevale, 1995). Au Viet Nam, on utilise largement et avec de bons résultats de telles moustiquaires dans le cadre de la stratégie nationale de lutte antipalustre, notamment dans les zones où existe un risque d'épidémie. En Chine, ces moustiquaires sont utilisées systématiquement et par millions depuis des années; aux Iles Salomon, ces dernières années ont vu une augmentation très importante de leur utilisation avec pour conséquence un recul spectaculaire du paludisme. A la lumière de l'expérience acquise, on peut dire d'une façon générale qu'il s'agit d'une intervention qui, moyennant une éducation appropriée, est fort bien acceptée, même par les populations qui n'utilisent pas traditionnellement de moustiquaires. Il faut toutefois reconnaitre que de nombreux problèmes devront être résolus avant que cet outil de lutte antipalustre puisse tenir toutes ses promesses. Il s'agit en particulier de la difficulté qu'on éprouve à distribuer des moustiquaires à tous ceux qui en ont besoin, notamment aux personnes démunies. Par ailleurs, il est ennuyeux que l'on utilise actuellement une seule classe d'insecticides, les pyréthroïdes, pour traiter les moustiquaires, étant donné qu'il a été déjà mis en évidence une résistance à ces composés chez les anophèles. En outre, il n'a pas encore été déterminé que pourrait être l'efficacité à long terme de cette mesure de lutte.

2.4.2 Vaccins antipaludiques

Les vaccins agissent en préparant le système immunitaire humain à reconnaître, dépister et ensuite à affaiblir ou détruire les agents pathogènes lorsqu'ils envahissent le corps. A chaque étape du cycle de vie du *Plasmodium*, de multiples antigènes se développent et interagissent avec le système immunitaire de l'hôte humain. Aussi, existe-t-il de multiples cibles possibles pour un vaccin antipaludique. Dans l'idéal, le vaccin serait efficace contre n'importe quel stade du paludisme. Mais en toute réalité, la première génération de vaccins vise probablement un ou deux stades (le stade pré-globulaire et/ou le stade sanguin).

Après 70 années de recherches, les derniers résultats d'essais d'un candidat vaccin chez des nourrissons et de jeunes enfants laissent à penser que nous sommes peut-être dans la dernière ligne droite.

Ce vaccin dirigé spécifiquement contre un des cinq parasites humains (*Plasmodium falciparum*) est une molécule de synthèse (Bojang, 2006). Injectée dans l'organisme, elle déclenche la production d'anticorps dirigés contre une protéine de surface du parasite «jeune», avant qu'il n'envahisse le foie.

Depuis 2004, ce candidat vaccin, fruit d'une collaboration entre GlaxoSmithKline et la fondation américaine Path, a connu plusieurs succès. Une première version du vaccin (baptisé RTS, S/AS) a fait l'objet de plusieurs essais cliniques pédiatriques en Afriques chez des enfants de 5 mois à 4 ans avec des résultats très prometteurs (Bojang *et al.*, 2005 ; Aponte et *al.*, 2007 ; Macete *et al.*, 2007 ; Abdulla *et al.*, 2008).

2.4.3 Système immunitaire humain

L'infection par *Plasmodium*, engendre des réponses immunitaires de l'hôte (Schofield et Grau, 2005). Ces réponses immunes sont régulées aussi bien par le système immunitaire non spécifique dit inné, par le système immunitaire spécifique ou acquis, que par des facteurs environnementaux. Les deux types d'immunité sont complémentaires.

L'immunité innée se mobilise dès le début (dans les premières heures) de la primo-infection (Scragg *et al.*, 1999 ; Roetynck *et al.*, 2006) en attendant la mise en place de l'immunité « acquise » qui est opérationnelle dans les dix jours suivant l'infection.

De récentes études dans des systèmes non parasitaires ont permis de démontrer qu'une famille de protéines codée par la lignée germinale (les Toll Like Receptors ou TLR) serait importante pour la défense innée de l'hôte, aussi bien chez les vertébrés que chez les invertébrés (Martinon et Tschopp, 2005).

Chez les mammifères, l'activation des macrophages, un type de cellule immunitaire, par l'intermédiaire des TLR entraîne l'induction de gènes effecteurs. Ces gènes contrôlent et exécutent la défense innée dans un grand nombre de variété de bactéries et de systèmes viraux (Aderem et Ulevitch, 2000).

L'immunité acquise, est tout à la fois spécifique des stades de développement du parasite que des espèces parasitaires. Cette immunité est rarement complètement protectrice, et dans le cas du paludisme l'on sait qu'elle ne l'est pas du tout. Les sujets adultes vivant dans les zones où le paludisme est endémiques et où la transmission du parasite est pérenne, stable durant toute l'année, sont dits *semi immuns*, c'est-à-dire qu'ils ont une protection qui les « protège » contre les formes graves de la maladie. L'immunité acquise, contre le paludisme est ainsi associée aux faibles taux de parasitémies (le nombre de parasite dans le sang) et aux épisodes cliniques de la maladie tout au long de la vie (Marsh, 1992 ; Trape *et al.*, 1994 ; Bruce et Day, 2003).

Dans les régions où le paludisme est endémique avec une transmission annuelle stable, les enfants nés de mères semi immunes seraient protégés contre la maladie durant la première moitié de leur première année de vie par les anticorps maternels. Cette immunité des enfants est dite passive, ces derniers ayant « passivement » reçus les anticorps de leurs mères. Cette immunité s'estompe au cours du temps, et l'on observe chez l'enfant, après le sixième mois de sa vie, une augmentation de la sensibilité au paludisme. Cette période dure jusqu'à environ neuf ans, selon les enfants. Ensuite, se développe progressivement l'acquisition d'une immunité semi protectrice active dite semi immunité (Marsh, 1992).

En général, l'acquisition d'une immunité semi protectrice contre le paludisme est ainsi lente. Elle est associée à une exposition continue au parasite. Les personnes vivant dans les zones où la transmission est faible développant plus lentement leur immunité. Celle-ci est occasionnée par les piqûres répétées de l'anophèle, vecteur de la maladie.

L'acquisition de l'immunité semi protectrice est également retardée par divers autres facteurs. La variabilité génétique de l'hôte et celle du parasite en sont les facteurs majeurs. L'immunosuppression (ou inactivation du système immunitaire) induite par le parasite et d'autres causes inconnues à ce jour participeraient aussi à ce phénomène (Mohan et Stevenson, 1998).

2.5 Mode d'action et mécanisme de résistance aux antipaludiques

2.5.1 Mode d'action des antipaludiques usuels

Les principaux antipaludiques actuels peuvent être classés selon leur mode d'action en deux catégories (Danis, 2003) : les schizonticides électifs et les inhibiteurs des acides nucléiques ou antimétabolites.

2.5.1.1 Schizonticides électives

Ce groupe comprend les dérivés quinoléiques et les dérivés de l'artémisinine.

- Les dérivés quinoléiques

Ce sont les amino-4-quinoléines (chloroquine, amodiaquine, pyronaridine) et les amino-alcools (quinine, méfloquine, halofantrine, luméfantrine). Ces molécules interfèrent avec l'utilisation de l'hémoglobine dans la vacuole nutritive en inhibant la formation de l'hémozoïne.

* Ainsi, par exemple, **la chloroquine** bloque la dégradation enzymatique de l'hémoglobine (trophozoïtes âgés et schizontes immatures) (Foley et Tilley, 1997), source principale en acides aminés du parasite intraérythrocytaire (Krugliak et Ginsburg, 1991; Bray et al., 1998).

* Nous avons aussi **l'amodiaquine** qui est une base de Mannich dérivée d'une molécule de type 4-aminoquinoléine. Son métabolite actif est la monodesethylamodiaquine (Winstanley et al., 1990). C'est une poudre cristalline jaune, stable dans l'eau et dans l'alcool. L'amodiaquine et son métabolite sont stables en solution aqueuse plus d'un an à 4 °C. La monodesethylamodiaquine est plus indiquée pour les tests de chimiosensibilité *in vitro* (Churchill et al., 1985 ; Mariga et al., 2005).

* Une deuxième base de mannich de type acridine est **la pyronaridine** (hydroxyanilino-benzonaphthyridine). Elle a été synthétisée en Chine en 1970 (Chang et al., 1992 ; Zoguéreh et Delmont, 2000) et dérive à la fois de la quinacrine (mépacrine) et de l'amino-4-quinoléine (amodiaquine). Les CI_{50} sur les souches sensibles et chloroquino-résistantes sont comparables à celle de la méfloquine. Néanmoins sa biodisponibilité est faible (35 %) (Debaert, 2000).

* **La quinine** (alcaloïde naturel extrait du *quinquina*, arbre indigène d'Amérique latine cultivé en Indonésie, Malaisie, Indes et Sri Lanka depuis le XVIIIe siècle) est une base faible qui se concentre dans les vacuoles digestives (action lysosomotrope) du trophozoïte érythrocytaire, plus lipophile que la chloroquine. Elle pourrait avoir des sites d'action différents (Foley et Tilley, 1997). Cette molécule agirait sur les organites du parasite en inhibant l'action de l'hème polymérase. Elle permet donc l'accumulation de sa cytotoxine, l'hémine, produit de la dégradation de l'hémoglobine dans la vacuole alimentaire, qui est normalement transformée en pigment malarique inoffensif et utilisable par le parasite grâce à cette enzyme (Silamut et al., 1991; Mansor et al., 1991a, Mansor et al., 1991b, Mansor et al., 1991c). C'est un schizonticide sanguin à action rapide ayant néanmoins peu d'action sur les sporozoïtes et les stades exo-érythrocytaires des plasmodies. Elle est aussi gamétocytocide sur P. vivax et P. malariae mais pas sur P. falciparum (Hall et al., 1973 ; Pukrittayakamee et al., 1997).

* **La méfloquine** est issue du programme de recherches sur le paludisme lancé en 1963 par le « Walter Reed Army Institute of Medical Research, Whashington DC, USA» pour développer de nouveaux composés actifs sur les souches de P. falciparum chloroquino-résistantes. Le mécanisme d'action exact de la méfloquine est mal connu. En tant que schizonticide sanguin, elle se comporte comme les autres lysosomotropes à de nombreux égards. La méfloquine entraîne des modifications morphologiques semblables, des formes annulaires intra-érythrocytaires jeunes de P. falciparum et P. vivax. La modification ultrastructurale majeure produite par la méfloquine chez P. falciparum est le gonflement de la vacuole nutritive du parasite. Comme la chloroquine, de faibles concentrations intracellulaires de méfloquine augmentent le pH intravacuolaire. Elle agit en formant avec les hèmes libres, des complexes toxiques qui altèrent les membranes et réagissent avec d'autres composants plasmodiaux.

L'orientation des groupements hydroxylés et aminés les uns par rapport aux autres dans la méfloquine peut être essentielle pour ses liaisons hydrogènes et son action antiplasmodiale.

La méfloquine est un schizonticide sanguin puissant, en particulier contre les trophozoïtes âgés et les schizontes sanguins des espèces plasmodiales (Slutsker et al., 1990 ; Karbwang et al., 1991a; Karbwang et al., 1991b ; Krishna et White, 1996; Simpson et al., 1999).

Cependant, la perte de son activité serait liée à la dégradation de son groupement carboxylique réputé pour être à la base de son action antiplasmodiale (Franssen et al., 1989; Basco et al., 1991).

* **L'halofantrine** (Halfan®) est un antipaludique de synthèse appartenant au groupe chimique des aminoalcools (9- phénanthrène-méthanol), issue du même programme de recherche que la méfloquine. Actuellement, l'halofantrine est de moins en moins utilisée en thérapeutique antipalustre à cause de ses effets cardiotoxiques (Monlun et al., 1995; Matson et al., 1996). C'est une base faible; son absorption est incomplète (36%) et très variable selon les sujets, elle est fortement augmentée si la prise accompagne un repas riche en lipides (Karbwang *et al.*, 1991c).

-L'artémisinine et ses dérivés

La valeur médicale des extraits de l'herbe *Artemisia annua L* est reconnue dans la médecine traditionnelle chinoise depuis plus de deux mille ans ainsi que son usage sous forme d'extraits bruts dans le traitement du paludisme. Il s'agit d'un sesquiterpène lactone possédant un pont peroxyde. La purification de son principe actif a été réalisée par les scientifiques chinois en 1971. Ses principaux dérivés sont la dihydroartémisinine, l'artésunate, l'artéméther et l'arteéther. Les dérivés de l'artémisinine sont faiblement solubles dans l'eau mais très solubles dans l'éthanol et le méthanol (70%).

La dihydroartémisinine, principal composé actif, inhibe la synthèse protéique plasmodiale et bloque la réplication des acides nucléiques. Son mode d'action implique probablement les radicaux libres produits grâce à l'effet oxydant du groupement époxy en présence de fer (Cumming *et al.*, 1997). L'action est rapide et entraîne la lyse des parasites intraérythrocytaires. Pour leur efficacité, les dérivés de l'Artémisinine sont fortement recommandés par l'OMS dans les combinaisons thérapeutiques. L'étude de leur pharmacocinétique a permis de faire des prescriptions par voie orale et rectale (Ashton *et al.*, 1998 ; Navaratnam *et al.*, 2000). L'efficacité et l'action rapide de la dihydroartémisinine ouvrent des perspectives thérapeutiques précieuses pour le traitement du paludisme grave (Adjuik *et al.*, 2004). Les dérivés de l'artémisinine ont une action gamétocytocide, qui réduit la transmission et limite les risques de voir émerger des résistances (Price *et al.*, 1996). Cependant, l'utilisation de ces molécules à des doses incorrectes peut provoquer des réactions d'hypersensibilité chez le patient (Leonardi *et al.*, 2001).

2.5.1.2 Inhibiteurs des acides nucléiques ou antimétabolites

Ils bloquent la division du noyau de l'hématozoaire. Ce groupe comprend les antifolates, les naphtoquinones et les antibiotiques.

- **Les antifolates** : ils sont répartis en deux familles, les antifoliques (sulfamides, dont la sulfadoxine ; sulfones), et les antifoliniques (proguanil, pyriméthamine). Ils agissent au niveau de la voie de synthèse des folates, qui sont essentiels à la biosynthèse des acides nucléiques. Les antifoliques inhibent la dihydroptéroate synthétase (DHPS) qui produit l'acide folique, en prenant la place de son substrat, l'acide para-amino benzoïque (PABA en anglais). Ils sont actifs sur les formes préérythrocythaires, peu actifs sur les trophozoïtes, modérément actifs sur les schizontes érythrocytaires. Leur rôle est la potentialisation des antifoliniques. Ces derniers inhibent la dihydrofolate réductase (DHFR) qui produit l'acide folinique.

- **Les naphtoquinones** : l'atovaquone est un inhibiteur puissant des fonctions mitochondriales en bloquant la chaîne de transfert d'électrons (le complexe cytochrome bc1) au niveau de son enzyme-clé, la dihydroorotate deshydrogénase (DHOdase) (Ittarat *et al.*, 1994). Elle a peu d'impact thérapeutique lorsqu'elle est utilisée seule. En combinaison avec un antimétabolite (proguanil), on observe une synergie d'action grâce à une inhibition séquentielle de la synthèse des pyrimidines. Une originalité de l'association atovaquone-proguanil est son action sur les stades hépatocytaires de *P. falciparum*.

- **Les antibiotiques** (Zoguéreh et Delmont, 2000) : les plus utilisés en thérapeutique du paludisme sont les cyclines et les macrolides. Ces antibiotiques sont actifs sur les formes sanguines asexuées et sur les formes exo-érythrocytaires primaires de *P. falciparum*. Ils sont utilisés dans les régions où la sensibilité de *P. falciparum* à la quinine est diminuée (Asie du Sud-Est). Ces antipaludiques sont représentés essentiellement par la tétracycline (macrolides) et la doxycycline (cyclines). La tétracycline est toujours utilisée en thérapeutique en association avec la quinine à cause de son action lente. Quant à la doxycycline, elle est utilisée en chimioprophylaxie chez le sujet intolérant ou en cas de contre-indication à la méfloquine et projetant un voyage de courte durée dans une zone de méfloquino-résistance. Elle est active aussi bien sur les souches multirésistantes que sur les souches chloroquinosensibles. Toutefois, les cyclines sont contre-indiquées chez la femme enceinte et le jeune enfant de moins de 11 Kg ou de moins de 8 ans.

2.5.2 Mécanisme moléculaire de la résistance de *P. falciparum*

La génétique de la chimiorésistance de *P. falciparum* n'est pas encore totalement bien connue. A l'heure actuelle, parmi les schizonticides sanguins (électifs et antimétabolites), seuls les mécanismes de résistance à la chloroquine et aux antifoliques/antifoliniques sont bien étudiés.

- **Les schizonticides électifs (la chloroquine, les amino-alcools)**

En effet, la résistance envisagée au niveau de la chloroquine (amino-4-quinoléine) semble être soit une altération du gradient de pH, soit une modification du transfert membranaire en rapport avec une expulsion du médicament. On a remarqué que toutes les souches résistantes étudiées à ce jour ont une incapacité à accumuler la chloroquine dans la vacuole digestive, plus probablement en rapport avec un efflux qu'avec une diminution de la pénétration. Cet efflux est 40 à 50 fois plus important chez les parasites résistants que chez les sensibles (Krosgstad *et al.*, 1987). La première évidence de l'efflux a été mise en évidence en 1987 par la démonstration de son blocage chez les souches résistantes par le Vérapamil (Martin *et al.*, 1987). Ce mécanisme ne semble pas être le cas pour les autres molécules possédant un noyau quinoléiques telles que l'amodiaquine, la méfloquine, l'halofantrine et la quinine (Foley et Tilley, 1997).

L'hypothèse privilégiée pour expliquer l'efflux rapide de la chloroquine hors de la vacuole parasitaire a été celle d'une liaison de la chloroquine avec une protéine de transfert, la phosphoglycoprotéine 1 (pgh-1) de 170 kda. C'est un canal transmembranaire de la vacuole digestive parasitaire qui a probablement une capacité de transport des molécules pour lesquelles elle a une affinité suffisante. La pgh-1 est codée par le gène *pfmdr*-1, longtemps considéré comme responsable de la résistance de *P. falciparum* à la chloroquine (Fidock *et al.*, 2000).

Aujourd'hui, il est établi que la résistance à la chloroquine est liée à la mutation intervenant sur un autre gène, *Plasmodium falciparum* chloroquine resistance transporter (*pfcr*t). En effet, tous les sujets chez qui un échec thérapeutique à la chloroquine a été constaté portaient des isolats PfCRT T-76 (mutation **Lys76Thr**) : c'est-à-dire tous les fragments d'ADN des isolats de *P. falciparum* du gène *pfcrt* séquencé ou digéré par l'enzyme *ApoI* portaient l'acide-aminé Thréonine (mutant) à la place de la Lysine (sauvage) au niveau du codon 76 (Basco et Ringwald, 2001 ; Djimdé *et al.*, 2001 ; Basco *et al.*, 2002; Talisuna *et al.*, 2004 ; Djaman *et al.*, 2007).

- Les antimétabolites

Le rôle essentiel des antifoliques est de permettre une potentialisation des antifoliniques. La résistance à ces composés est due à une modification de l'enzyme dihydroptéroate synthétase (DHPS) (Le Bras *et al.*, 1996). Ainsi, la résistance aux sulfamides est le fait de mutations ponctuelles qui surviennent dans le gène de la DHPS et correspond à des mutations des codons 436, 437, 581. Cette résistance augmente avec des mutations additionnelles au niveau des codons 540 et 613 (Brooks *et al.*, 1994 ; Triglia *et al.*, 1997 ; Wang *et al.*, 1997 ; Masimirembwa *et al.*, 1999 ; Mberu *et al.*, 2002, Fernandes *et al.*, 2007).

La résistance aux antifoliniques correspond à la mutation survenant sur le gène de la dhfr-ts qui remplace la sérine 108 par une asparagine (Peterson *et al.*, 1991 ; Thaithong *et al.*, 1992 ; Basco *et al.*, 1995 ; Eldin de Pécoulas *et al.*, 1996 ; Reynolds et Roos, 1998, Happi *et al.*, 2005).

L'addition de trois ou quatre mutations de *pf*DHFR (dihydrofolate réductase) (C59R, N51I ou I164L) et d'une ou deux mutations du gène de la dihydroptéroate synthétase, *pfdhps*, cible des sulfamides, élève le niveau de résistance, rendant inefficace leur action potentialisatrice (résistance à la sulfadoxine–pyriméthamine) (Basco *et al.*, 1995 ; Biswas, 2001 ; Le Bras *et al.*, 2006). Ces mutations cumulées diminuent l'affinité des enzymes pour leur substrat, entraînant un moindre potentiel reproducteur pour les parasites qui les possèdent en l'absence de médicaments.

3 Généralités sur la chimiorésistance

Depuis l'apparition de la résistance de *P. falciparum* aux antipaludiques de synthèse, les formes endo-érythrocytaires asexuées deviennent de plus en plus capables de survivre aux doses thérapeutiques de plusieurs antipaludiques actuellement disponibles. La survie de ces parasites ou leur aptitude à se reproduire malgré l'administration et l'absorption du médicament employé à des doses égales ou supérieures aux doses ordinairement recommandées mais comprises dans les limites de tolérance du sujet a été définie en 1973 par l'OMS comme étant la chimio-résistance (OMS, 1973). Les progrès réalisés en matière de recherche pharmacologique et biochimique (Homewood et Neame, 1980) ont permis d'appréhender d'autres approches beaucoup plus techniques de la chimiorésistance, lesquelles permettent de clarifier, décrire et mieux comprendre la résistance de *Plasmodium* aux différents médicaments (Basco et Ringwald, 2000).

Il est remarquable que ce ne sont qu'un petit nombre de mutations, toujours les mêmes, qui, affectant le plus souvent le site actif de l'enzyme, sont responsables de la résistance.

Au laboratoire, par mutagenèse et pression médicamenteuse en culture *in vitro*, on peut sélectionner différentes mutations entraînant la résistance du parasite au médicament. Ainsi, dans le cas des antifoliniques, il existait différentes mutations du gène *dhfr* dans les souches de *P. falciparum*. Une étude faite à partir des isolats (de la nature) a bien précisé que la mutation du codon 108 (ser108asn) apparaît toujours en premier lieu (Peterson *et al.*, 1988), entraînant un premier degré de résistance à la pyriméthamine, suivie éventuellement par les mutations des codons 51, 59 et 164, qui augmentent fortement la résistance (Basco *et al.*, 1995 ; Eldin De Pécoulas *et al.*, 1995). Ceci est dû au fait que l'enzyme DHFR-TS ne peut accepter que certaines modifications structurales tout en gardant son activité enzymatique.

3.1 Facteurs favorisant la résistance

Quatre facteurs sont en cause dans l'émergence des résistances de *P. falciparum* dans une zone :

- Pression médicamenteuse et la sélection des mutants résistants

Dans une zone d'endémie palustre, les premiers parasites mutants qui apparaissent sont généralement très peu nombreux par rapport aux parasites sauvages. Selon la loi des équilibres biologiques, leur nombre reste longtemps peu élevé tant qu'il n'y a pas d'intervention de facteurs extrinsèques. Dans cette zone, l'utilisation d'un médicament aura pour conséquence l'élimination des individus (plasmodies) sauvages, ce qui va faire rompre l'équilibre en faveur des mutants résistants. Ainsi, plus ce médicament sera utilisé, plus on sélectionnera des mutants résistants. C'est la pression médicamenteuse qui permet l'émergence des mutants préexistants et non l'adaptation progressive des parasites à des doses croissantes de produits.

- Degré d'immunité de la population

L'immunité (humorale ou cellulaire) agit de manière similaire aussi bien sur les isolats sensibles que résistants à un médicament (Bruce-Chwatt *et al.*, 1984 ; Leri *et al.*, 1997 ; Smith *et al.*, 2002). Dans une zone où la transmission du paludisme est continue, le degré d'immunité de la population est élevé et les mutants résistants qui échappent à l'action du médicament sont attaqués par les facteurs de l'immunité. Si le niveau d'immunité n'est pas suffisant (sujets expatriés, jeunes enfants non encore immunisés, adulte en état de déficit immunitaire), les mutants résistants se multiplieront et engendreront des manifestations cliniques (Artavanis-Tsakonas *et al.*, 2003).

- Voyages

Un voyageur non immun va emporter des mutants résistants d'une zone de chimiorésistance dans une zone où ces mutants résistants n'existaient pas (Merritt *et al.*, 1998 ; Filler *et al.*, 2003). Les sujets non immuns et non prémunis de cette zone d'accueil vont permettre le développement et la dissémination de la résistance.

- Rôle des vecteurs anophéliens

Selon les espèces d'anophèles vectrices, la multiplication des mutants résistants pourra être favorisée ou non (Filler *et al.*, 2003). Ainsi, en Asie du Sud-Est, la dissémination de souches de *P. falciparum* chloroquinorésistantes serait due à *Anopheles balabacensi*, très bon vecteur anthropophile et exophile.

3.2 Etude de la chimiorésistance

Quatre approches méthodologiques sont utilisées pour analyser le phénomène de la chimiorésistance du paludisme. Le test de l'efficacité thérapeutique, bien que non standardisé pour tous les antipaludiques, représente la méthode de base pour déceler la résistance. Le test *in vitro*, qui contourne certaines difficultés du test de l'efficacité, nécessite un minimum de formation des réalisateurs mais un équipement onéreux pour les laboratoires du sud. La biologie moléculaire représente une autre approche technique importante, car elle permet d'analyser les gènes impliqués dans la résistance (OMS, 2002). Enfin, le dosage du médicament dans le sang permet de juger si un échec thérapeutique ou prophylactique a bien lieu en présence d'un taux plasmatique adéquat d'antipaludique (Basco et Ringwald, 2001).

3.2.1 Test de l'efficacité thérapeutique

Le test de l'efficacité thérapeutique actuellement utilisé, est celui de l'OMS de 1994 (OMS, 1994) modifié en 1996 (OMS, 1996) et en 2001 (OMS, 2002). C'est un test simplifié, standard de 14 jours de suivi dont l'interprétation également simplifiée tient compte des réponses cliniques et parasitologiques. Le test consiste à administrer à un sujet porteur de *P. falciparum*, présentant un paludisme non compliqué, la dose ordinairement recommandée d'un antipaludique. Les contrôles cliniques et parasitologiques sont effectués les jours 2, 3, 7 et 14. L'efficacité du médicament est exprimée en termes de réponse clinique et parasitologique adéquate (RCPA), en échec thérapeutique précoce (ETP) et en échec thérapeutique tardif (ETT).

Le test de l'efficacité thérapeutique est facile à mettre en route avec un minimum d'équipements et de formation des personnels sanitaires. Il permet le recueil des données cliniques et épidémiologiques sur le terrain. Mis à part ces avantages, le test comporte des inconvénients. Lorsqu'il s'agit de le réaliser en ambulatoire, les sujets ne se présentent plus à l'équipe de recherche pour les contrôles dès qu'ils se sentent mieux et ce, malgré les engagements pris dès le départ. Aussi, des facteurs humains individuels peuvent-ils être responsables de fausses résistances, comme peut être des troubles d'absorption du médicament dus à un défaut d'absorption intestinale, une élimination rapide du produit par vomissement ou par diarrhée. D'autres facteurs tels qu'un faible taux de biotransformation du médicament, la dégradation avant même sa prise, une réinfection comme c'est souvent le cas en Afrique tropicale, sont responsables de fausses résistances. Par ailleurs, la prémunition et la prise non rapportée d'autres médicaments antipaludiques et de remèdes à base de plantes avant ou après le traitement peuvent fausser l'interprétation des réponses cliniques adéquates qui dans ces conditions ne signifient pas obligatoirement une sensibilité des parasites au médicament.

3.2.2 Test *in vitro*

Depuis la mise au point du premier test *in vitro* par Rieckmann (Rieckmann et Lopez-Antunauo, 1971) pour évaluer la sensibilité de *P. falciparum* à la chloroquine et à d'autres antipaludiques, jusqu'à maintenant, de nombreux autres tests qui ne sont en réalité que des variantes de la méthode de culture *in vitro* de Trager et Jensen (Trager et Jensen, 1976) ont vu le jour. Ainsi, en 1978, une épreuve *in vitro* a été adoptée à partir du microtest de Rieckmann (Rieckmann *et al.*, 1978), et deviendra plus tard le microtest standard de l'OMS après son évaluation par des chercheurs extérieurs et par ceux de l'OMS. Ce test est fondé sur la lecture microscopique. En culture *in vitro*, *P. falciparum* perd spontanément la synchronisation observée *in vivo*. Plusieurs techniques de restitution de la synchronisation ont été développées (Lambros et Vanderberg, 1979 ; Hui *et al.*, 1983). Le mécanisme physiologique qui imposent le synchronisme de *P. falciparum* après plusieurs cycles chez l'hôte demeurent inconnue (Kwiatkowski et Greenwood, 1989).

Les autres méthodes d'évaluation de la chimiosensibilité *in vitro* utilisées sont le test isotopique de Desjardins et le semi-microtest de Le Bras (Le Bras *et al.*, 1980 ; Deloron *et al.*, 1982). Le test de Desjardins est une méthode semi automatisée qui mesure l'effet de l'antipaludique par l'incorporation d'hypoxanthine radiomarquée par le parasite (Desjardins *et al.*, 1979).

Cependant, il existe d'autres tests *in vitro* faisant appel à d'autres méthodes. C'est le cas du DELI-microtest (Double-Site Enzyme Linked LDH Immunodetection) basée sur la détection de la lactate déshydrogénase spécifique de *P. falciparum* (pLDH) par 2 anticorps monoclonaux reconnaissant 2 sites différents de l'enzyme. Le second anticorps monoclonal est biotinylé et peut ainsi fixer une streptavidine marquée à la peroxydase, qui en présence de son substrat développe une réaction colorée (Makler *et al.*, 1993 ; Moreno *et al.*, 2001). On peut également citer le test HRP2, un test ELISA basé sur la mesure de l'histidine et l'alanine produits par *Plasmodium falciparum* au cours de sa croissance (Noedl *et al.*, 2002).

3.2.2.1 Culture *in vitro* de *P. falciparum*

Il s'agit de cultiver un isolat ou une souche de *P. falciparum* en présence de concentrations variables d'antipaludique et de déterminer la concentration inhibant 50 % de la croissance du *Plasmodium*. Ce test permet par conséquent de mesurer la capacité de doses croissantes d'un antipaludique d'inhiber la transformation des jeunes trophozoïtes en schizontes. L'activité de l'antipaludique est appréciée en fin de test, soit par lecture microscopique, soit par l'incorporation de l'hypoxanthine tritiée (un précurseur d'acide nucléique) (Desjardin *et al.*, 1979).

La concentration 50 % inhibitrice (CI_{50}) est déterminée soit par régression linéaire, soit par régression non linéaire. Ces tests mesurent l'activité intrinsèque des drogues, le phénotype (résistant ou sensible) déterminé par ce test semble objectif et reproductible. En dehors des schizonticides sanguins déjà connus et pour lesquels des seuils de sensibilité ont été validés, le modèle *in vitro* permet également le criblage systématique de nouveaux antipaludiques (Bryskier et Labro, 1988). Le test *in vitro* mis au point, le plus fiable et reproductible, est le micro-test isotopique dont une variante est le semi-microtest de Le Bras et Deloron (Le Bras *et al.*, 1984). Les difficultés du test *in vitro* résident dans le fait que les CI_{50} des antipaludiques jusque-là proposées pour définir le seuil de résistance se fondent sur la base soit des isolats importés soit des clones qui ont été longtemps en contact avec des milieux artificiels et qui par conséquent ne reflètent pas forcément le niveau de sensibilité des isolats fraîchement récoltés du terrain. Néanmoins, l'étude *in vitro* apporte des données complémentaires sur la chimiorésistance quand elle est effectuée en parallèle avec le test de l'efficacité thérapeutique (Basco et Ringwald, 2001).

3.2.2.2 Potentialisation

La potentialisation peut être définie comme la recherche de substances capables de reverser la résistance aux molécules usuelles et de leur redonner leur efficacité première.
La recherche de telle substance est devenue une des priorités actuelles dans le domaine de la lutte contre le paludisme.

-Potentialisation de la chloroquine

La notion de potentialisation des antipaludiques, plus particulièrement celle de la chloroquine, a été conçue par Martin et Collaborateurs (Martin *et al.*, 1987). Elle consiste à associer à la chloroquine une autre substance par nécessairement antipaludique et mesurer le pouvoir schizonticide de la chloroquine en présence de cette substance.

Ils ont montré ainsi que les bloqueurs calciques comme la verapamil associés à la chloroquine reversaient *in vitro* la chloroquinorésistance chez *P. falciparum*. Ces bloqueurs calciques diminuent l'influx de Ca^{2+} dans les cellules de mammifères en se liant aux canaux calciques (Ryall, 1987 ; Adovelande *et al.*, 1998). Plus tard, d'autres auteurs ont mis en évidences l'effet potentialisateur des antidépresseurs tricycliques (désipramine) (Basco et Le Bras, 1990 ; Carosi *et al.*, 1991 ; Bitoni *et al.*, 1998) et des antihistaminiques sur la chloroquine (Peters *et al.*, 1989 ; Peters *et al.*, 1990 ; Basco *et al.*, 1991 ; Oduola *et al.*, 1998 ; Sowunmi *et al.*, 1998 ; Kalkanidis *et al.*, 2002).

3.2.3 Test moléculaire

C'est récemment qu'il a été possible d'analyser le génome de *Plasmodium*. Cette situation est le fait de la complexité de son cycle qui rend les croisements difficiles et de la petite taille de ses chromosomes qui ne se condensent pas pendant la mitose et qui, par conséquent sont invisibles au microscope optique. En dépit de ces difficultés, la séparation des chromosomes de cette espèce plasmodiale par leur taille a été possible par électrophorèse en champ pulsé (Schwartz et Cantor, 1984 ; Kemp *et al.*, 1985 ; Van der ploeg *et al.*, 1985 ; Wellems *et al.*, 1987). Par ailleurs, le génome de *Plasmodium* est haploïde pendant la majeure partie de son cycle à l'exception d'une courte période de diploïdie qui se déroule chez le moustique (formation de zygote). Aussi, *P. falciparum* possède 14 chromosomes dont la taille génomique totale est de 22,8 mégabases (mb) (Goman *et al.*, 1982 ; Pollack *et al.*, 1982 ; Walliker *et al.*, 1987), chaque chromosome allant de 650 kb à 3,3 mb. Le polymorphisme de taille des chromosomes résulterait des fréquentes délétions et recombinaisons observées chez cette espèce (Patarapotikul et Langsley, 1988). En plus de l'ADN génomique, *P. falciparum* contient un ADN circulaire extra-nucléaire fonctionnel de 35 kb. L'étude de sa structure a montré une analogie avec le génome chloroplastique des plantes (Preiser *et al.*, 1995). En dehors de cet ADN, il existe un autre génome extra-nucléaire, cette fois mitochondrial de 6kb (Feagin, 1982). L'analyse de sa séquence a permis d'identifier trois gènes codant pour une protéine (cytochrome oxydase I, cytochrome II et cytochrome b) ainsi que des gènes codant pour l'ARN ribosomique. Actuellement, la carte de restriction des chromosomes de *P.*

falciparum est disponible (Corcoran *et al.*, 1988 ; Foote *et al.*, 1989 ; Walker-Jonah *et al.*, 1992).

Le génome de *P. falciparum* complètement séquencé actuellement compte 5300 gènes qui codent pour diverses enzymes et protéines de transport (Gardner *et al.*, 1998). Ce génome est caractérisé par sa richesse en bases puriques, adénine et thymine (A+T) qui se partagent environ 90 % des régions inter-géniques, télomériques et sub-télomériques et 70 % à 80 % des autres régions (McCutchan *et al.*, 1984 ; Pollack *et al.*, 1982). Par ailleurs, le séquençage des chromosomes 2 et 3 a également montré respectivement 82,2 % et 80 % de bases A+T (Gardner *et al.*, 1998 ; Bowman *et al.*, 1999).

Pendant la fécondation qui a lieu chez l'hôte définitif (l'anophèle femelle), la recombinaison homologue entre les régions sub-télomériques entraîne des délétions et insertions (Walliker *et al.*, 1987). Au niveau de ces régions, les séquences sont soit répétitives et non codantes, soit codantes mais pour des protéines non essentielles (Fenton *et al.*, 1985 ; Fenton et Walliker, 1990). Ce polymorphisme entraîne donc une grande variabilité génotypique et phénotypique des parasites au niveau des gènes réarrangés tels que les gènes codant pour les protéines antigéniques (circumsporozoïtes surface protein, CSP ; Merozoïte Surface Protein, MSP-1 et MSP-2) et les gènes codant pour les protéines cibles des antipaludiques qui sont souvent sujets à mutation après une pression médicamenteuse.

Le déterminant de la résistance à la chloroquine est localisé dans un segment de 36 Kb du chromosome 7 de *P. falciparum* et, à l'intérieur de se segment, le gène pfcrt codant pour la protéine PfCRT a un rôle déterminant dans l'expulsion de la chloroquine hors de la vacuole digestif du parasite (Fidock *et al.*, 2000 ; Zhang *et al.*, 2002). Cette protéine comporte 13 exons et 10 segments transmembranaires ; elle appartient à la superfamille des transporteurs métaboliques (Tran et Saler, 2004).

Un certain nombre de polymorphisme a été mis en évidence. Les différents halotypes trouvés attestaient d'une origine multiple et indépendante de la résistance à la chloroquine. La mutation K76T (Lysine --> Thréonine) retrouvée dans la plus part de toutes les souches résistantes (Bertin *et al.*, 2005, Bray *et al.*, 2006, Djaman *et al.*, 2007) s'accompagne d'une acidification de la vacuole digestive. Cette mutation K76T est considérée, en épidémiologie, comme un marqueur de la résistance à la chloroquine (Labie, 2005).

3.2.4 Dosage de médicaments dans le sang

Cette technique est couplée au test de l'efficacité thérapeutique pour l'analyse des cas d'échec thérapeutique afin d'établir que l'antipaludique administré procure une concentration adéquate de médicament dans le sang (May et Meyer, 2003). Même si, à l'heure actuelle, certains pensent que la chromatographie liquide de haute performance (CLHP) est la méthode la plus fiable en terme de sensibilité dans le dosage de médicament, l'extraction de l'antipaludique du sang total, cible définitive du médicament, suivie de son dosage au spectrophotomètre est toujours pratiquée et par conséquent peut être réalisée. Malheureusement, compte tenu des variations intra- et inter-individuelles de la pharmacocinétique, il n'existe pas de valeur seuil qui reflète la bonne absorption du médicament (Basco et Ringwald, 2000).

4 Généralités sur la recherche des antipaludiques

L'apparition et l'augmentation de la résistance aux médicaments disponibles ont accentué le besoin de découvrir et de développer de nouveaux antipaludiques. La découverte de nouvelles molécules est un processus qui repose essentiellement sur la connaissance des cibles pharmacologiques existants dans le parasite, sur l'identification de nouvelles cibles en étudiant les processus métaboliques et biochimiques de base du parasite (Danis, 2003), sur le développement de nouvelle méthodes d'analyses, la découverte de nouvelles substances naturelles, la synthèse des analogues pour évaluer les relations structure-activité (SAR) et l'optimisation des molécules intéressantes.

4.1 Recherche à partir de cibles biologiques (Ljungström et al., 2004)

La plupart des médicaments actuellement utilisés pour soigner le paludisme ont été découverts à suite d'un screening systématique plutôt que par une recherche rationnelle de cibles thérapeutiques. Dans le cadre de la recherche sur le paludisme, diverses cibles chimiothérapeutiques potentielles ont été identifiées ces dernières années chez le *Plasmodium*. Ces cibles se retrouvent à différents niveaux du métabolisme du parasite en allant de celles intervenant dans la vacuole jusqu'à celles impliquées dans la synthèse du matériel génétique du parasite dans le noyau (figure 2).

4.1.1 Cibles responsables des processus se produisant dans la vacuole digestive

La vacuole digestive est un organite important pour le parasite. Elle est d'une part, le lieu d'import et de digestion d'hémoglobine détournée de l'érythrocyte (grâce à des protéases résidentes de la vacuole digestive). De plus, un flux de vésicules endocytées depuis le cytostome fusionne régulièrement avec la membrane de la vacuole digestive. Il existe des cytostomes qui alimentent la vacuole digestive par internalisation de vésicules contenant du cytoplasme érythrocytaire chargé en hémoglobine.

La digestion de l'hémoglobine, essentiellement au cours du stade trophozoïte, provoque l'accumulation d'un produit de dégradation : l'hème, molécule toxique pour le parasite de par ses actions oxydantes, les ruptures de membranes ainsi que de par les processus d'inhibition enzymatique qu'il entraîne. La vacuole digestive est d'autre part le site de détoxication de l'hème par sa conversion en un pigment insoluble : l'hémozoïne (Schwarzer *et al.*, 2008).

La vacuole digestive semble se mettre en place dès l'emprisonnement initial de cytoplasme érythrocytaire par le parasite qui constitue la première « gorgée d'hémoglobine ». Elle peut aisément être visualisée par immunodétection dirigée contre une de ses protéines de membrane, la protéine PfCRT (Chloroquine Resistant Transporter) (Martin et Kirk, 2004).

Des corps lipidiques (lipides neutres) ont été révélés au sein de la vacuole digestive par coloration au rouge de Nil. Ils paraissent particulièrement enrichis en diacylglycérol et triacylglycérol.

4.1.1.1 Dégradation de l'hémoglobine

Entre 25 et 75% de l'hémoglobine du globule rouge infecté est digérée par le parasite. La dégradation de la globine représente la principale source d'acides aminés du parasite. La digestion de l'hémoglobine se fait à l'intérieur de la vacuole digestive et a lieu essentiellement vers la fin du stade trophozoïte et le début de la schizogonie.

On pense aujourd'hui que la dégradation de l'hémoglobine est assurée par trois protéases : deux protéases aspartiques appelées plasmepsine I (présent au stade anneau) et plasmepsine II (présent au stade trophozoïte et jeune schizonte) analogues de la cathepsine D (Gluzman *et al.*, 1994; Dame *et al.*, 1994; Francis *et al.*, 1994; Westling *et al.*, 1997) qui interviendraient dans le démêlage de l'hémoglobine pour faciliter la protéolyse, et une protéase cystéïnique analogue de la cathepsine L (Rosenthal and Nelson, 1992; Domnguez *et al.*, 1997) qui agirait en aval des protéases aspartiques.

Ces protéinases vacuolaires constituent actuellement des cibles essentielles par leur spécificité dans le criblage et le développement de nouvelles substances antipaludiques.

4.1.1.2 Polymérisation de l'hème

Nous savons que le produit de la dégradation de l'hémoglobine est potentiellement toxique pour les membranes et les enzymes biologiques du parasite. Pour s'en débarrasser, le parasite séquestre l'hémine (forme oxydée de l'hème et contenant donc du fer III) dans un polymère cristallin insoluble appelé hémozoïne ou pigment malarique (Goldberg, 1992 ; Gluzman et *al.*, 1994).

Divers mécanismes, passés en revue par Ridley en 1996, avaient été proposés dans le processus de la polymérisation d'une protéine HRP (Histidine Rich Protéinés) (Sullivan et *al.*, 1996) dans l'amorçage de ce processus dans le parasite. L'étude *in vitro* à pH acide de la polymérisation non enzymatique de l'hémine a donné des résultats intéressants (Dorn *et al.*, 1995; Egan et *al.*, 1994). Bien que contesté, le polymère résultant de ces travaux, la β-hématine, semble garder les mêmes propriétés chimiques, spectroscopiques et biologiques que l'hémozoïne (Bohle et *al.*, 1997).

Il a été montré que les antipaludiques de la famille des quinoléines tel que la chloroquine empêcheraient la formation du colorant malarique, en formant des complexes quinoline-hémiques qui terminent la polymérisation des chaînes de hémozoïne (Sullivan et *al.*, 1996). En conséquence, la polymérisation de l'hémine demeure une cible très intéressante dans la recherche de nouvelles substances antipaludiques.

4.1.2 Cibles intervenant dans la production des enzymes impliqués dans la synthèse des macromolécules et des métabolites

4.1.2.1 Enzymes de synthèse des biomolécules chez *Plasmodium*

Le cycle cellulaire des cellules eucaryotes est contrôlé par des interactions biochimiques complexes et la conformité à une séquence normale du cycle est maintenue grâce à une série de points clés ('checkpoint'), où la cellule vérifie qu'un stade est complété avant de permettre le passage au stade suivant.

La phosphorylation réversible de certaines protéines est cruciale pour la croissance et la différenciation cellulaire, ainsi que pour la transduction de signaux et la réponse au stress; cette phosphorylation est sous le contrôle de protéine kinases et de protéine phosphatases.

Les trois principales fonctions des protéine-kinases sont :

- la **transduction de signaux externes** (par exemple hormones, facteurs de croissance) vers une réponse intracellulaire par l'intermédiaire de récepteurs membranaires
- la **régulation** du cycle cellulaire, y compris les complexes cyclines et protéine-kinases cycline-dépendantes (CDK)
- la **réponse à un stress** nutritionnel (insuffisance de glucose) ou un stress environnemental (choc thermique ou hypoxie)

Bien qu'il n'y ait aucune raison de supposer que le contrôle du cycle cellulaire ou les mécanismes de signalisation intracellulaire soient fondamentalement différents de ceux d'autres eucaryotes inférieurs, l'identification de toute différence dans des évènements aussi importants que la division cellulaire offrent la possibilité de nouvelles cibles thérapeutiques.

Il y a au moins 5 stades de synthèse d'ADN dans le cycle biologique des plasmodies :
- la schizogonie pré-érythrocytaire chez l'hôte vertébré
- la schizogonie érythrocytaire chez l'hôte vertébré
- la microgamétocytogénèse chez le moustique vecteur
- la méiose chez le moustique vecteur
- la schizogonie sporogonique chez le moustique vecteur

Les plasmodies sont particulièrement sensibles aux inhibiteurs des protéine-kinases et des protéine-phosphatase en raison de leur cycle biologique non continu, incluant des changements métaboliques majeurs lorsque le parasite passe d'une cellule-hôte à une autre ou lorsqu'il passe d'un mammifère à un arthropode. Seul un petit nombre de kinases parasitaires ont été décrites, en raison des difficultés à obtenir suffisamment de matériel pour de telles études, mais des gènes de kinases ont été identifiés dans le génome du parasite en utilisant des analogies de séquence.

Le mécanisme de la division par schizogonie est l'une des différences fondamentales entre le parasite et la cellule-hôte. La séquence habituelle d'évènements contrôlant le cycle cellulaire comprend l'accumulation intermittente de cyclines et leur dégradation par les CDK correspondantes et assume que deux noyaux partageant le même micro-environnement seront forcément synchrones. Il semble que ceci ne soit pas le cas lors de la schizogonie, où plusieurs noyaux présents sont asynchrones en ce qui concerne leur stade de division. L'observation intéressante que les substances anti-microtubulaires comme le docetaxol sont capables de stabiliser les fuseaux mitotiques sans avoir un effet sur la synthèse d'ADN suggère que le checkpoint de complétion de l'assemblage des fuseaux, qui existe chez les cellules de mammifères, est absent chez les plasmodies.

La suggestion que la chromatine pourrait rester continuellement associée aux microtubules, tout au long des mitoses successives de la schizogonie, pourrait expliquer l'absence de checkpoint à ce stade.

4.1.2.2 Respiration et le système redox chez *Plasmodium*

Les plasmodies sont essentiellement microaérophiliques et une atmosphère pauvre en oxygène est bénéfique pour la croissance de *P. falciparum in vitro*. La présence de voies de

transport des électrons dans les mitochondries et la présence de cytochromes représentent une évidence tangible de la présence d'une respiration classique.
Les systèmes oxydo-réducteurs ('redox') des cellules infectées sont complexes et consistent en une série de réactions comprenant :
- un stress oxydatif exercé par le parasite sur la cellule-hôte,
- la capacité de la cellule-hôte de mettre en route des systèmes de défenses antioxydants,
- un stress oxydatif exercé par la cellule-hôte sur le parasite (pouvant être le résultat de réponses immunes ou l'effet d'antipaludiques)
- et finalement, la capacité du parasite de résister au stress par ses propres mécanismes antioxydants.

La production de différents radicaux libres est la principale forme de stress oxydatif à la fois pour la cellule-hôte et le parasite. Il a été démontré que le parasite était susceptible à une variété de radicaux libres et que le peroxyde d'hydrogène, le t-butyl-hydroperoxyde, la xanthine/xanthine oxydase et l'alloxane avaient des effets antiparasitaires.

La croissance réduite des plasmodies à l'intérieur d'érythrocytes présentant une variété d'anomalies génétiques (drépanocytose, alpha- et beta-thalassémie, persistance de l'hémoglobine E) peut s'expliquer soit par une réduction de la capacité de produire des antioxydants, soit par une augmentation du stress oxydatif.

Le plus important des mécanismes antioxydants utilisés à la fois par la cellule-hôte et le parasite est la détoxification par l'intermédiaire du cycle de la glutathionne, par l'intermédiaire de la glutathionne réductase et du NADPH.

La voie de l'hexose monophosphate est la principale source de NADPH pour le parasite. La quantité de vitamine C et E est augmentée dans les cellules infectées, car elles ont un rôle protecteur, particulièrement en empêchant la peroxydation des lipides membranaires et la formation de méthémoglobine.

Parasites et cellules-hôtes possèdent des superoxydes dismutases (SOD) et celles de *P. falciparum* sont insensibles au cyanide.

4.1.2.3 Glycolyse

L'hypoglycémie et une acidose lactique sont souvent associées à un paludisme grave. L'une des raisons de l'hyperlactatémie (acidose) est due à une augmentation de la glycolyse anaérobie dans les érythrocytes infectés (Agbenyega *et al.*, 2000).

Au cours de sa phase de croissance intra-érythrocytaires, les besoins énergétiques du *Plasmodium* repose principalement sur la glycolyse (Lang-Unnasch et Murphy, 1998). Chez un patient atteint du paludisme, le pourcentage des hématies infectées par des parasites dépasse rarement 3-4%, et est généralement autour de 0.1-1% (4,000-40,000 / ml) (Molineaux *et al.*, 1988). Malgré le niveau clinique faible de *P. falciparum* à infectés les globules rouges (< 4% de parasitémie), l'utilisation du glucose est environ 100 fois plus élevés dans les hématies infectées que celle des cellules normales non infectées (Mehta *et al.*, 2006).

Contrairement aux cellules des mammifères et à la plupart des organismes aérobies, le lactate est le produit final de la voie glycolytique chez le *Plasmodium*. Le lactate déshydrogénase (LDH) catalyse la réduction de pyruvate en lactate en présence du NADH, ce qui exclut toute inhibition du substrat par le pyruvate. Ceci permet la production rapide d'énergie selon les exigences du parasite. La pLDH est aujourd'hui exprimée et une inhibition spécifique de cet enzyme constitue une cible potentielle pour des agents thérapeutiques antimalariques.

4.1.2.4 Métabolisme des protéines

Le métabolisme des protéines chez les plasmodies n'est pas fondamentalement différent de celui d'autres cellules eucaryotes. Il produit de très nombreuses protéines, souvent variables selon les stades évolutifs (Florens *et al.*, 2002), alors que les gènes de transcription semblent relativement rares dans le génome du parasite. En outre, la fonctionnalité de certains mRNA peut être modifiée par un mécanisme régulateur encore inconnu (Duffy *et al.*, 2003). C'est ainsi que certaines protéines sont présentes dans un stade évolutif du parasite (gamétocyte) et pas dans un autre stade qui en dérive (zygote), alors que les mRNA correspondants sont abondants dans les deux cas. Il existe donc une modulation fonctionnelle des mRNA plasmodiaux et l'inhibition de ce mode de régulation ouvre de nouvelles pistes thérapeutiques (Ambroise-Thomas, 2004). La synthèse des protéines peut être bloquée par la cycloheximidine et la puromycine.

Le parasite se procure les acides aminés dont il a besoin soit par digestion des protéines érythrocytaires (en particulier l'hémoglobine) ou du pool d'acides aminés libres du plasma. Certains acides aminés sont synthétisés à partir du glucose par le parasite lui-même (par exemple la glutamine). L'hémoglobine est digérée au niveau de la vacuole digestive du parasite, donnant de l'hème et de la globine, qui est elle-même hydrolysée en acides aminés par une série de protéases parasitaires (incluant des sérine-protéases, des aspartine-protéases et des cystéine-protéases).

Jusqu'à 75% du contenu en hémoglobine de l'érythrocyte infecté peut être digérée par le parasite. La digestion de l'hémoglobine est une cible d'action majeure des antipaludiques, en particulier la chloroquine.

- **Les besoins minimaux en acides aminés du parasite**

Ils ne sont pas exactement connus, mais la culture *in vitro* peut être effectuée normalement si le milieu contient 5 acides aminés essentiels, qui ne sont pas présents en quantité suffisante dans l'hémoglobine (Met, Gln, Glu, Cys, Ile); dans de tels milieux de culture, les parasites sont plus sensibles à l'action des inhibiteurs de protéases, car ils deviennent plus dépendants de la dégradation de l'hémoglobine. L'incorporation d'acides aminés radioactifs en culture est fréquemment utilisée comme indicateur de la croissance du parasite, à la fois pour le stade sanguin et les stades chez le vecteur.

- **La synthèse protéique**

Il ne se fait pas de la même façon tout au long du cycle biologique du parasite et des différences qualitatives et quantitatives ont été décrites pour les différents stades. Alors que la synthèse protéique est réduite chez le jeune trophozoïte, elle augmente progressivement lors de la deuxième moitié du cycle érythrocytaire pour atteindre son pic lors de la schizogonie.

La biosynthèse des polyamines (y compris la putrescine, la spermidine et la spermine) et les voies métaboliques correspondantes sont cruciales pour la croissance, la division cellulaire et le contrôle du cycle cellulaires des plasmodies.

Trois étapes sont essentielles :
- la décarboxylation de l'ornithine en putrescine par l'intermédiaire de l'ornithine décarboxylase (ODC),
- la formation de la S-adénosylméthionine (AdoMet) à partir de la L-méthionine et de l'ATP,
- la décarboxylation de l'AdoMet qui fournit les groupes aminopropyl nécessaires pour la synthèse de la spermidine et de la spermine.

Ces trois étapes représentent des cibles potentielles d'action médicamenteuse.

4.1.2.5 Métabolisme des lipides

La croissance du parasite nécessite une augmentation de l'ensemble des membranes, donc un métabolisme actif des lipides. Le contenu lipidique des érythrocytes infectés est plus élevé que celui des érythrocytes normaux et ces lipides se trouvent au niveau de la membrane de l'érythrocyte, la membrane de la vacuole parasitophore, la membrane du parasite et les membranes des différentes organelles.

- Cholestérol

Le cholestérol total est augmenté dans la cellule infectée, mais il semble que cette augmentation soit restreinte à la membrane érythrocytaire, puisque le parasite lui-même n'en contient pratiquement pas.

Le *Plasmodium* est incapable de produire du cholestérol *de novo*, à partir de l'acide mévalonique et de l'acide acétique, et la présence de cholestérol est indispensable pour permettre une croissance *in vitro*.

- Phospholipides

Au cours du cycle érythrocytaire, le contenu en phospholipides augmente de 500 à 700 %, avec un changement de l'importance relative des différentes catégories de phospholipides.

Il y a quatre phospholipides principaux dans les globules rouges infectés :
- la phosphatidylcholine (PC) : 30-45%
- la phosphatidyléthalonamine (PE) : 25-40%
- la phosphatidylsérine (PS) : 10%
- et la sphingomyéline : 10%

avec seulement des traces de phosphatidylinositol *(PI)*, d'acide phosphatidique *(PA)* et de lysophospholipides.

Bien que les cellules soient capables d'incorporer des phospholipides intacts du plasma, probablement par l'intermédiaire d'un transporteur spécifique, il semble que les nouveaux phospholipides proviennent surtout de la synthèse de novo et de la conversion d'un phospholipide à l'autre.

Comme le parasite ne semble ni capable de synthétiser les acides gras, ni de convertir les molécules existantes, il faut supposer que c'est le plasma qui fournit l'essentiel des acides gras. Les cellules infectées incorporent énormément d'acide palmitique, stéarique, oléique, arachidonique et linoléique. Les lipoprotéines du sérum (HDL) semblent être une source essentielle d'acides gras exogènes : l'échange et le transport d'acides gras de l'HDL au parasite est un processus extrêmement rapide et efficace, qui utilise les réseaux membranaires présents dans cytoplasme de l'érythrocyte infecté.

4.1.2.6 Voies métaboliques des ions chez *Plasmodium*

L'incorporation du calcium extracellulaire (Ca^{++}) est essentielle pour la croissance du parasite. Le contenu en Ca^{++} de la cellule augmente pendant la maturation du parasite, ce qui s'explique par une augmentation de la perméabilité de la membrane cellulaire au Ca^{++} externe (une perméabilité 20 fois supérieure à celle de l'érythrocyte normal). Le Ca^{++} accumulé est exclusivement trouvé dans le compartiment parasitaire. Comme les érythrocytes infectés accumulent activement le Ca^{++} extracellulaire, il n'est pas surprenant que les antagonistes calciques comme le vérapamil, qui bloquent les canaux calciques, ou les antagonistes de la calmoduline, comme le diltiazem ou le calmidazolium, soient capables de bloquer la croissance du parasite.

4.1.2.7 Métabolisme des acides nucléiques

La quantité d'ADN présente dans une plasmodie est de l'ordre de 10^{13} g et il y a approximativement 2 à 5 fois plus d'ARN que d'ADN.

La synthèse d'ADN se fait à plusieurs stades du cycle (mais les mécanismes biochimiques de cette synthèse n'ont pour l'instant été étudiés en détail que dans le stade érythrocytaire et pourraient, par conséquent, être significativement différents dans les autres stades), y compris :

- immédiatement après l'invasion de l'hépatocyte
- au cours de la dernière partie du stade trophozoïte et au début de la schizogonie (entre 29-44 heures après l'invasion du mérozoïte, chez *P. falciparum*)
- durant la gamétogénèse
- après la fécondation et avant la méiose
- chez l'oocyste jeune

La composition en bases de l'ADN nucléaire des plasmodies est caractéristiquement riche en adénine et en thymidine (riche en A + T). En raison de son développement rapide par schizogonie (un mérozoïte pouvant produire un progénie de 8 à 20 nouveaux mérozoïtes en 48 heures), le parasite doit posséder des mécanismes efficaces pour la synthèse des acides nucléiques, ce qui implique un accès à une source de précurseurs de ces acides nucléiques. L'érythrocyte humain n'a aucun besoin de pyrimidines et, n'étant pas capable de synthétiser les purines *de novo*, la cellule utilise le mécanisme de récupération des purines, en particulier pour sa synthèse d'ATP. Les nucléotides sont importés dans l'érythrocyte à l'aide de transporteurs spécifiques au niveau de la membrane, qui permet une récupération de l'adénosine, de l'hypoxanthine et de la guanine du plasma. Il y a une augmentation de l'influx des purines dans le globule rouge infecté et l'ATP érythrocytaire est dégradée en AMP et en hypoxanthine. L'hypoxanthine est la principale source de purine du parasite, qui possède une gamme d'enzymes de récupération des purines.

Les plasmodies doivent synthétiser leur pyrimidine *de novo*, puisque l'érythrocyte ne peut pas en fournir. Le parasite possède toutes les enzymes nécessaires pour la synthèse de l'UMP à partir de la glutamine, de l'ATP et du CO_2. Certaines de ces enzymes semblent être fonctionnellement différentes de celles de l'hôte.

La synthèse des pyrimidines est intimement liée au métabolisme de l'acide folique. Les trois enzymes du cycle de l'acide folique ont été trouvées chez le parasite, y compris la dihydrofolate réductase et la thymidylate synthétase, qui existent chez le parasite sous forme d'une protéine bifonctionelle (DHFR-TS). Le parasite préfère la synthèse *de novo* à la récupération de l'acide folique, ce qui explique la synergie des sulfamides (qui inhibent la synthèse *de novo*) et de la pyriméthamine (qui inhibe la DHFR du parasite, une enzyme considérablement plus sensible au médicament que l'enzyme homologue de la cellule-hôte). La synthèse des pyrimidines implique également la vitamine PABA et plusieurs études ont montré, dans des modèles expérimentaux, que la déficience en PABA inhibait la croissance du *Plasmodium*.

4.2 Recherche par voie extractive

Les organismes vivants (surtout les végétaux) constituent un énorme réservoir de molécules naturelles potentiellement actives susceptibles de conduire à l'élaboration de nouveaux médicaments. De nombreuses plantes utilisées en Afrique ont été étudiées sur le plan botanique, chimique et pharmacologique (Pousset, 2004). La recherche de nouveaux principes actifs menée par les laboratoires pharmaceutiques et universitaires a permis d'expliquer certaines utilisations traditionnelles (Pousset, 2006).

La découverte récente de polyphénols antiparasitaires extraits de la réglisse chinoise et d'alcaloïdes antipaludiques extraites de plantes médicinales ivoiriennes utilisées contre le paludisme (Zirihi *et al.*, 2005a ; Zirihi *et al.*, 2005b) renforce l'intérêt de la recherche de substances naturelles issues de la médecine traditionnelle ivoirienne.

La recherche pharmaceutique dispose aujourd'hui de nouvelles technologies (chimie combinatoire, criblage à haut débit, robotique) pour réduire les délais de découverte d'un agent thérapeutique. Le séquençage achevé du génome de *P. falciparum*, accessible à toute la communauté scientifique, doit permettre de mettre en évidence de nouvelles protéines dans la mise au point d'un vaccin mais aussi de nouvelles cibles pharmacologiques pour trouver des ligands originaux, petites molécules capables de moduler ou d'inhiber le fonctionnement des protéines du parasite, entraînant ainsi sa mort. La diversité structurale des substances naturelles est un gage d'activité sur des cibles pharmacologiques variées dans le parasite.

- **La dioncophylline C**

Isolée de diverses espèces de lianes tropicales appartenant aux familles des *Dioncophyllaceae* et des *Ancistrocladaceae*, l'étude de l'activité antipaludique de cette molécule ainsi que celle de deux dérivés voisins, la dioncophylline B et le dioncopeltine A, isolés des même espèces, a montré une bonne corrélation entre l'activité antipaludique *in vitro* et *in vivo* (François *et al.*, 1997).

5: Dioncophylline C

La Dioncophylline C s'est révélé la plus intéressante. A une dose de 50 mg/Kg/j, *in vivo*, elle entraîne, sans effets toxiques apparents, une élimination complète des parasites après quatre jours d'administration par voie orale chez des souris infectées par *Plasmodium berghei*.

- **La manzamine**

Isolée de plusieurs espèces d'éponges marines trouvées dans les eaux tropicales, la manzamine est un alcaloïde de la classe des β-carbolines, qui a montré avec un de ces dérivés (la 8-hydroxymanzamne), la capacité de prolonger la survie des souris fortement parasitées par *P. berghei*, après une injection intra péritonéale de 50 mg/ml soit 95 nM (Ang *et al.*, 2000, Ang *et al.*, 2001).
Puisque toutes les voies de synthèse de la manzamine A sont connues (Winkler *et al.*, 2006), elles pourraient être exploitées pour la synthèse d'autres dérivés à des fins d'études de type structure-activité.

9: R = H: Manzamine A
10: R = OH : (-) 8-Hydroxymanzamine A:

- **L'axisonitrile-3 et la diisocyanoadociane**

Isolés d'éponges marines, l'activité antipaludique et le mode d'action de ces isonitriles appartenant de la famille des terpènes, a été rapportée par Wright et collaborateurs (Wright *et al.*, 2001).

12: axisonitrile-3

13: diisocyanoadociane
IC_{50} 14.48 nM, P.falciparum D6

Ces travaux ont montré que l'axisonitrile-3 et la diisocyanoadociane interagissent avec la ferriprotoporphyrine du parasite en formant un complexe très solide.

- **Licochalcone A**

Isolée des racines d'une plante chinoise appelée Gan Cao (Chen *et al.*, 1994), cette molécule figure parmi les chalcones ayant montré une activité antipaludique intéressante (IC_{50} = 1,8 μM). D'autres études de types structure-activité réalisées sur l'un des dérivés de cette molécule, la 1-(2',5' 0-dichlorophényl)-3-(4-quinolinyl)-2- propen-1-one, ont montré une activité huit fois plus intéressante que la licochalcone A avec une CI_{50} de 0,23 μM.

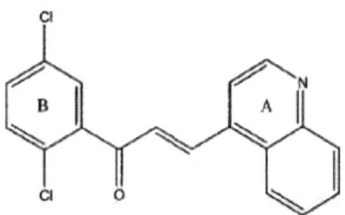

21: Lichochalcone A
IC50 1.8 µM *P.falciparum* Dd2

1-(2',5'-dichlorophenyl)-3-(4-quinolinyl)-2-propen-1-one
IC50 0.23 µM *P.falciparum* W2

- **Phloéodyctines**

Parmi d'autres avancées récentes effectuées dans le domaine de la recherche de nouveaux antipaludiques, nous pouvons également citer les travaux des équipes de l'IRD et leurs partenaires du CNRS et du groupe industriel Pierre Fabre, sur des éponges du genre *Phloeodictyon* (Haploscléridées). En étudiant, la structure chimique de substances extraites de ces éponges vivant dans les eaux peu profondes du lagon de la Nouvelle Calédonie, ils ont mis en évidence l'activité antipaludique de 25 composés de la famille des phloéodictines. Ces substances se sont révélées très actives contre une souche de *Plasmodium falciparum* chloroquinorésistante. Ces molécules aux structures originales constituent des candidats potentiellement intéressants pour l'élaboration de nouveaux médicaments antipaludiques.

Phloéodictine A

5 Description d'*Olax subscorpioidea* et de *Morinda morindoides*

5.1 Description d'*Olax subscorpioidea*

5.1.1 Présentation

Olax subscorpioidea appartient à la famille des *Olacaceae* et au genre *Olax*. Les *Olacaceae* possèdent environ vingt-huit (28) genres et deux cent (200) espèces (Breteler et *al.*, 1996).

Olax subscorpioidea est un arbuste voir un arbre qui peut atteindre 10 m et plus (Ayandele et Adebiyi, 2007). Cette plante est largement distribuée en Afrique de l'Ouest et au Congo (Ayandele et Adebiyi, 2007).

5.1.2 Utilisations traditionnelles

O. subscorpioidea est utilisé en médecine traditionnelle contre plusieurs pathologies :
- la décoction des feuilles peut être bue contre la fièvre, le paludisme et la jaunisse (Bouquet et Debray, 1974),
- en Côte d'Ivoire (Adjanouhoun et Aké-Assi, 1979) et au Nigéria (Adjanouhoun et *al.*, 1991), la décoction est utilisée contre les hépatites.
- les feuilles sont utilisées au Bénin pour soigner le rhumatisme, la racine pilée est utilisée au Congo comme aphrodisiaque et aussi frottée à la taille des femmes pour provoquer la grossesse (Terashima et Ichikawa, 2003)

5.1.3 Données pharmacologiques

- Les travaux d'Ayandele et Adebiyi ont montré que l'extrait éthanolique d'*Olax subscorpioidea* contient des Alcaloïdes, des tannins, des glycosides, des flavonoïdes et stéroïdes alors que l'extrait aqueux est composé de tannins, de glycosides et de saponines.
- L'extrait éthanolique d'*Olax subscorpioidea* possède une activité antimicrobienne sur *Staphylococcus aureus*, *Escherichia coli*, *Salmonella* sp. (Ayandele et Adebiyi, 2007).
- l'extrait méthanolique d'*Olax subscorpioidea* possède une activité antiplasmodiale selon les travaux de Djaman et *al.*, 1998.

5.2 Description de *Morinda morindoides*

5.2.1 Présentation

Morinda morindoides appartient à la famille des *Rubiaceae*. Les *Rubiaceae* sont des arbres, arbustes, des lianes ou des herbes. Les feuilles, opposées ou verticillées, simples, stipulées, à stipules intra ou inter-pétiolaires, sont de formes et de tailles variables. Les inflorescences sont des grappes ou des cymes. Les fleures, hermaphrodites, tétramères ou pentamères, ont un calice généralement dialysépale, une corolle gamopétale à lobes valvaires ou terdus ; un ardrocée inséré sur la corolle et un gynécée infère habituellement bicarpellé. Les fruits sont des capsules, des baies ou des drupes.

Morinda morindoides (Bak.) Milne-Redh, Kew Bull. 1944 : 31 (1947) ; Hepper, F.W.T.A., ed. 2,2: 189 (1863), est une liane grimpante, glabre. Les feuilles, opposées, oblongues elliptiques ou obovales elliptiques cunéiformes à la base. Ces feuilles longuement acuminées, glabres, mesurent 6 – 15 cm de longueur sur 3 – 8 cm de largeur (Figure 1) : le limbe porte, environ, 6 paires de nervures latérales. Les fleurs, blanches, groupées et capitules, ont le tube de la corolle court et robuste. Les fruits, bosselés, jaunes à maturité, mesurent 4 cm de diamètre (Zirihi, 1991).

5.2.2 Utilisations traditionnelles

- Les Bété d'Issia (Centre-ouest de la Côte d'Ivoire) l'appelle *Zêllékelé* et l'utilise comme antifongique (Zirihi, 1991).
- Une décoction aqueuse de feuilles fraîches constitue un remède traditionnel typique employé pour le traitement du paludisme, des vers intestinaux et des amibiases (Kambu, 1990 ; Tona et *al*, 1999).
- Elle est traditionnellement utilisée dans le cadre des syndromes diarrhéiques dans la région de Daloa (Côte d'Ivoire) (Bahi *et al*, 2003).

5.2.3 Données pharmacologiques

- Les extraits totaux aqueux de *Morinda morindoides* relaxent l'activité contractile duodénale et inhibent également les contractions toniques initiées par l'acétylcholine
 (Bahi *et al.*, 2000).
- Les extraits acétatiques et éthanoliques 70% de *M. morindoides* inhibent la croissance *in vitro* de *Escherichia coli, Salmonella, Vibrio cholerae* et *Shigella* (Koffi, 2003 ; Kouamé, 2006 ; Morho *et al.*, 2008), germes bactériens communément impliqués dans les diarrhées.

- La fraction chromatographique F5 de *M. morindoides* manifeste une cardio-inhibition qui se caractérise par un effet inotrope négatif et chronotrope négatif, et pourrait contenir des substances cholinomimétiques indirectes qui accroissent la cardioinibition induite par les substances cholinomimétiques directes. (N'guessan *et al.*, 2004).

- La fraction chromatographique F5 de *Morinda morindoides* induit une hypotension dose dépendante réversible et en partie (54%) inhibée par l'atropine. (N'guessan et *al.*, 2004).

- Les protéines totales de *M. morindoides* exercent une hypotension dose- dépendante et réversible à faibles doses sur la pression artérielle carotidienne de lapin et une hypotension irréversible à dose élevée. (M'boh, 2006).

- Cimanga *et al.*, 1995, 1997 ont isolés dix flavonoïdes dans les extraits des feuilles de *M. morindoides* qui sont : quercetin, quercetin 7,4' dimethylether, lutéoléine 7-glucoside, apigenin 7-glucoside, quercetin 3-rhaminoside, kaempferol 3-rhaminoside, quercetin 3-rutinoside, kaempferol 3- rutinoside, chrysoeriol 7-neohesperidoside et kaempferol 7-rhaminosylsophoroside, aussi ils ont isolés des iridoides (gaertneroside, acetylgaertneroside, acide gaertnerique et methoxygaertneroside).

- Les extraits de *Morinda morindoides* possèdent une activité antiprotozoaire, particulièrement sur *Entamoeba histolytica* un parasite responsable de la diarrhée (Cimanga *et al.*, 2006).

- Le savon fabriqué avec l'huile de *Morinda morindoides* a une activité effective sur la croissance *in vitro* des souches de *Candida albicans*, *Trichophyton rubrum*, *Trichophyton mentagrophytes* et *Aspergillus fumigatus*. (Touré *et al.*, 2006).

- les extraits de Morinda morindoides possèdent une activité contre les champignons (Bagré et *al.*, 2007).

Olax subscorpioidea (Oliv.)

Morinda morindoides (Back.)

Figure 2 : Photographies d'*Olax subscorpioidea (Oliv.)* et de *Morinda morindoides (Back.)*

MATERIELS ET METHODES

1 Site de l'étude

Cette étude s'est déroulée sur deux sites différents qui sont :

- Le laboratoire USM 0504 "Biologie fonctionnelle des protozoaires" EA 3335 Département "Régulation, Développement, Diversité Moléculaire" du Muséum National d'Histoire Naturelle de Paris (France). Sur ce site, nous avons réalisé tous les tests de chimiosensibilité avec des souches de référence de *Plasmodium falciparum*, sur un milieu contenant le sérum décomplémenté.

- Le laboratoire de Microbiologie de l'Institut National de la Santé Publique d'Adjamé (Côte d'Ivoire). Nous avons réalisé dans ce laboratoire les tests sur des isolats cliniques sur un milieu contenant le sérum non décomplémenté.

2 Matériels
2.1 Parasites

Quatre (4) souches de référence de *P. falciparum* ont été mises en culture dans l'étude réalisée au laboratoire USM 0504 "Biologie fonctionnelle des protozoaires". Il s'agit :
- de la souche F32, sensible à la chloroquine et à la pyriméthamine, isolée en Tanzanie,
- des souches FCB1 et PFB, résistantes à la chloroquine et sensibles à la pyriméthamine, isolées en Colombie, et
- de la souche K1, résistante à la chloroquine et à la pyriméthamine, isolée en Thaïlande.

En plus des souches de laboratoire, nous avons fait des tests sur 8 isolats dits "cliniques" de *P. falciparum*, c'est à dire prélevés directement sur des patients atteints de paludisme venus en consultation à l'Institut National de Santé Publique (INSP) d'Adjamé pour hyperthermie. Ils ont été pris en charge par l'équipe de recherche au Laboratoire de Microbiologie pour le diagnostic biologique de *Plasmodium*.

Chaque sujet porteur de *P. falciparum* a subi un prélèvement d'environ 5 à 10 ml de sang veineux sur anticoagulant (éthylène diamine tétra-acétate ou acide citrique dextrose), lorsque la densité parasitaire était supérieure ou égale à 4000 globules rouges parasités par microlite de sang (Grp/µl) avec le consentement des patients.

2.2 Milieux de culture et réactifs pour le test *in vitro*

La réalisation de la culture *in vitro* de *P. falciparum* a nécessité de la poudre de RPMI 1640 (Sigma Chemical Co., St. Louis, Missouri, USA), du bicarbonate de sodium (NaHCO3)

(Merck, Mannheim, Allemagne), de l'HEPES (Sigma Chemical Co, USA.), de l'eau pour culture cellulaire (GIBCO-BRL, USA), d'un mélange (pool) de sérum humain du groupe O^+. Ces produits étaient nécessaires pour la préparation du milieu de culture. De l'hypoxanthine tritiée (Amersham International, Little Chalfont, Royaume-Uni) a été également nécessaire pour les tests de radioactivité. Le bicarbonate de sodium et l'HEPES [acide N-(2-hydroxyéthyl) pipérazine-N'-(2-éthanesulfonique)] ont joué le rôle de tampon afin de maintenir le pH du milieu entre 7,2 et 7,4 (Trager et Jensen, 1976).

2.3 Réactif de coloration

Dans le cas du microtest microscopique, nous avons eu besoin d'une solution de Giemsa dont les ingrédients sont : la poudre de Giemsa, le glycérol et le méthanol et tout le "nécessaire d'épreuve" pour la coloration.

2.4 Milieux de congélation/décongélation des souches de *P. falciparum*

Pour la congélation et la décongélation des souches, nous avons utilisé trois solutions différentes :
- la solution cryoprotecteur qui contenait le glycérol (6,2 M), le lactate de sodium (0,14 M) et le chlorure de potassium (5 mM). Cette solution est à pH 7,4,
- le tampon phosphate (10 mM) à pH 7,4,
- les solutions de sorbitol à 5% et 27%.

2.5 Composés utilisés pour l'évaluation de l'activité antiplasmodiale

Les composés utilisés étaient de deux groupes. Les extraits éthanoliques de OLSU et de BGG et les différents extraits issus de leur fractionnement bioguidé ont servi de composés naturels à évaluer. Les principes actifs de la chloroquine (PM=418) et de la pyriméthamine (PM=248,72) (Aventis, Antony, France) quant à eux, ont servi d'antipaludiques de référence permettant d'évaluer la sensibilité des isolats.

3 Méthodes

3.1 Préparation des extraits de OLSU et de BGG

La préparation des extraits de OLSU et de BGG ont été réalisées selon la méthode utilisée au laboratoire de chimie du Muséum National d'Histoire Naturelle (Paris) pour tester l'activité antiplasmodiale d'une plante donnée (Figure 3). Cette méthode est une version modifiée de celle de Tona *et al.*, (2004).

Les feuilles et tiges de OLSU et de BGG ont été découpées et séchées à l'ombre. Une fois bien sèches, elles ont été broyées pour donner une poudre fine. Cinquante grammes (50 g) de poudre ont été macérés dans 300 ml d'éthanol (90%) pendant 24 heures. Après filtration et évaporation au rotavapor, la pâte obtenue a été séchée pour donner en définitive l'extrait éthanolique (extrait A). Dix (10) grammes de l'extrait éthanolique ont été ensuite dissouts dans 100 ml d'eau distillée auquel a été ajouté 100 ml de cyclohexane. Après 40 mn de décantation, la phase cyclohexanique a été séchée pour donner par la suite l'extrait de cyclohexane (extrait B). Quant à la phase aqueuse, elle a été reprise avec 100 ml d'acétate d'éthyle suivi d'une nouvelle décantation environ 30 mn. La phase acétatique a été récupérée et séchée au rotavapor pour donner l'extrait C. La phase aqueuse a été à nouveau reprise par 100 ml de n-butanol. Après décantation deux phases ont été obtenues : une phase n-butanol et une phase aqueuse qui ont permis d'obtenir l'extrait n-butanol (extrait D) et l'extrait aqueux (extrait E) respectivement après séchage au rotavapor.

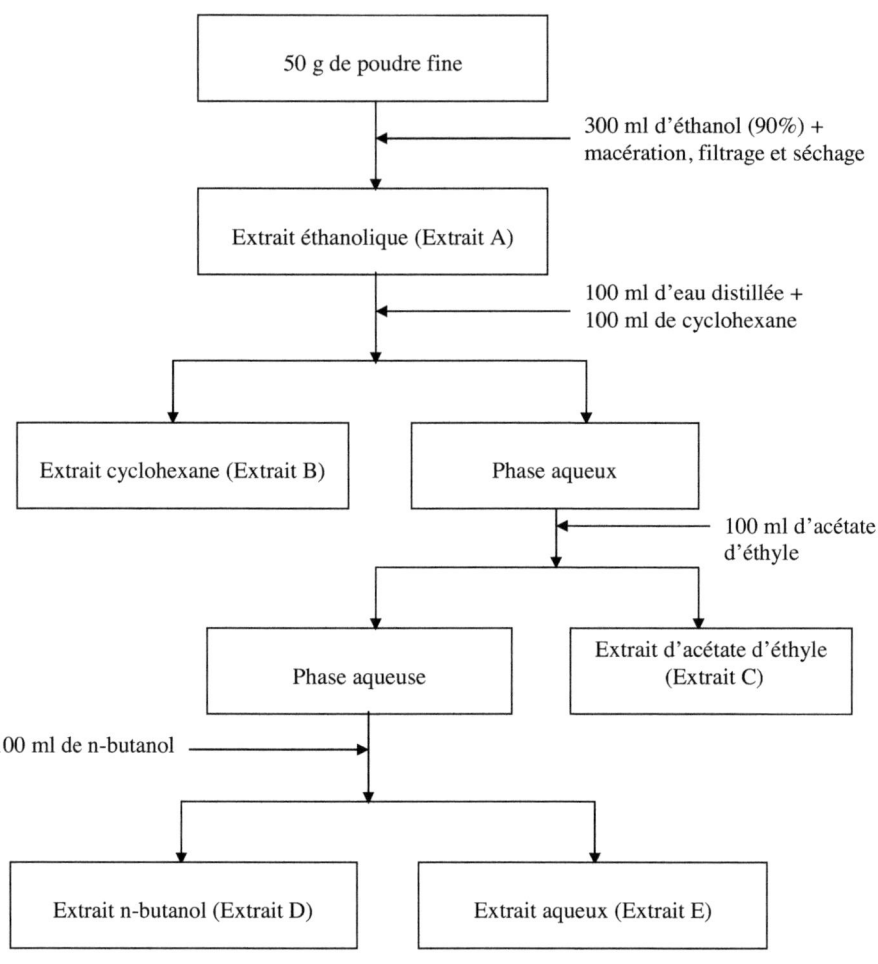

Figure 3 : Protocole d'extraction des extraits de OLSU et de BGG (Tona *et al*., 2004)

3.2 Préparation de la solution de RPMI

La solution de RPMI a été obtenue de deux manières suivant la composition de la poudre de RPMI initiale. Pour la préparation de 500 ml de solution à partir d'une poudre contenant de l' HEPES, il a fallu 21 ml d'une solution de bicarbonate de sodium à 5% et 8,2 g de poudre de RPMI. Le tout a été ensuite ajusté à 500 ml avec de l'eau bi-distillée. Dans le cas où la poudre de RPMI ne contenait pas de l'HEPES, 21 ml d'une solution de bicarbonate de sodium à 5% ont été utilisés en présence de 5,25 g de poudre de RPMI et 2,97 g d' HEPES. Le mélange a été ensuite ajusté comme précédemment à 500 ml avec de l'eau stérile bi-distillée.

La solution de RPMI obtenu, a été filtrée sur filtre millipore et conservée à + 4° C.

Dans le cas du test avec la pyriméthamine, le RPMI appauvri en acide folique a été utilisé.

3.3 Préparation du milieu de culture

Le milieu complet RPS (RPMI contenant le sérum humain) a été préparé en ajoutant au RPMI 1640 (voir préparation ci-dessus) 10% de sérum humain après décongélation. Le sérum utilisé a été un pool (mélange) de sérums soit dépourvu d'anticorps antiplasmodiaux importé (Produit Sigma®), soit non décomplémenté, soit décomplémenté. Dans le cas de cette étude, la décomplémentation réalisée est dite "grossière" c'est-à-dire chauffage du pool de sérum dans un bain-marie à 50° C pendant 45 minutes suivi d'une stérilisation sur filtre millipore.

3.4 Préparation des érythrocytes non-infectés

Le sang humain utilisé pour les tests sur les souches, de préférence du groupe O^+, provenait de la banque de sang (Paris). Etant donné que la présence de leucocytes exerce un effet schizonticide, le sang collecté est déleucocyté par passage du culot globulaire sur un filtre RC 100® (Pall Biomedical Products Corporation). Le sang déleucocyté se conserve jusqu'à quatre semaines à +4°C.

Dans le cas des tests réalisés à l'INSP d'Adjamé, la déleucocytation du sang a été réalisée à partir de trois lavages successifs dans la solution de RPMI. Ce lavage a permis d'éliminer en dehors des globules blancs (la couche leuco-plaquettaire), une grande partie du plasma, des anticorps antipaludiques et/ou des médicaments antipaludiques qui pourraient être présents dans le sang prélevé.

Toutes ces manipulations ont été réalisées juste avant l'utilisation du sang car il n'est pas conseillé de laver les hématies et de les stocker à 4°C (pendant une longue période) car celles-ci deviennent très rapidement inefficaces à supporter la croissance du parasite (Mitrofan-Oprea *et al.*, 2007).

3.5 Technique de mise en culture continue des souches de *P. falciparum*

Les souches utilisées dans cette étude provenaient d'anciennes cultures, et de souches conservées dans l'azote liquide.

La culture a été réalisée sur hématies humaines, à un hématocrite de 2 à 5 % (V/V), sous une atmosphère de 91% de N_2, 3% de CO_2, 6% d'O_2, à 37°C, selon la méthode mise au point par Trager et Jensen (Trager et Jensen, 1976).

Le milieu de culture utilisé a été le RPMI auquel sont ajoutés 11 mM de glucose, 100 UI/ml de pénicilline, 100 μg/ml de streptomycine.

Les globules rouges non parasités étaient de groupe O^+. Ils ont été utilisés dans les trois semaines consécutives au prélèvement. Les hématies ont été lavées deux fois (800g, 5 mn à température ambiante) dans le milieu de culture sans sérum juste avant utilisation. Les globules rouges parasités provenant soit de cryostats livrés ou de cultures préexistantes ont été dilués à la parasitémie désirée, avec les hématies non parasités fraîchement lavés. L'hématocrite variait de 2 à 5 % selon les besoins. D'une façon générale, 200 μl de culot globulaire ont été nécessaires pour une boîte de 25 cm^2 et 2 ml de culot pour une boîte de 175 cm^2.

Un frottis sanguin a été préparé quotidiennement à partir de la culture. Il a ensuite été coloré au Diff Quick® (Merz+Dade AG) et examiné au microscope optique. La croissance des parasites et les conditions de culture ont été évaluées tous les jours selon les critères suivants :

- la morphologie des parasites,
- la parasitémie (le nombre d'érythrocytes parasité 1000 ou 10000 érythrocytes),
- les stades du parasite (rings, trophozoïtes, schizontes jeunes et matures ; noter aussi la présence des mérozoïtes et des gamétocytes),
- L'absence de bactéries et de champignons dans la culture,
- L'index de multiplication (rapport de la parasitémie du jour X et X-2).

Pour les faibles parasitémies, le milieu a été changé quotidiennement par aspiration et plusieurs fois par jour pour les parasitémies supérieures à 10%. Les cultures à parasitémies élevées (> 5%) ont été diluées systématiquement avec de nouvelles hématies dans le but de maintenir la culture en bon état. Dans le cas contraire, les cultures auraient dégénérées très rapidement.

Les boîtes ont été gazées avec le mélange gazeux (Azote et CO_2) pendant 30 sec avant leur fermeture.

3.6 Technique de décongélation des souches de *P. falciparum*

La technique de décongélation utilisée est celle de Diggs *et al.* (1975).

3.6.1 Préparation des solutions de décongélation

- **Solution tampon phosphate**

Le tampon phosphate a été préparé à partir de deux solutions qui étaient, la solution de disodium hydrogène phosphate, 12-hydrate (Na_2HPO_4, $12H_2O$) obtenu par dissolution de 3,58 g de disodium hydrogène phosphate, 12-hydrate (Na_2HPO_4, $12H_2O$) dans 1 litre d'eau bidistillée et la solution de sodium dihydrogène phosphate, 2-hydrate (NaH_2PO_4, H_2O) obtenue par dissolution de 0,69 g de sodium dihydrogène phosphate, 2-hydrate (NaH_2PO_4, H_2O) dans 500 ml d'eau distillée. Le tampon phosphate a été obtenu finalement en titrant les 500 ml de la solution de Na_2HPO_4 avec la solution de NaH_2PO_4 pour obtenir un pH à 7,4.

- **Solutions de sorbitol 5% et 27% (p/v)**

Cinq (5) g et 27 g de sorbitol mis dans une fiole jaugée de 100 ml, ont été complétés avec le tampon phosphate 10 nM pH 7,4 pour donner respectivement les solutions de sorbitol 5% et 27%. Ces solutions ont été ensuite filtrées stérilement et conservées à 4°C.

3.6.2 Décongélation

Les souches de *P. falciparum* mises dans des ampoules de 1,5 ml et conservées dans l'azote liquide ont été sorties et décongelées rapidement au bain-marie à 37°C. Le contenu de l'ampoule a été transféré dans un tube de 15 ml. Deux (2) volumes (par rapport au volume de sang) de sorbitol à 27% ont été ajoutés goutte à goutte sous agitation constante : le premier volume a été versé pendant 8 mn et le deuxième pendant 5 mn. Le mélange a été laissé au repos 5 mn puis 2 volumes de sorbitol 5% y sont ajoutés sur 10 mn.

Après un repos de 10 mn, le mélange a été centrifugé à 600 g pendant 5 mn. Après avoir ôté le surnageant, 2 volumes de sorbitol 5% y ont été ajoutés à nouveau sur 8 mn. Le mélange a été laissé au repos 5 mn et ensuite centrifugé à 600 g pendant 5 mn. Enfin, ajouter

1 à 2 ml de milieu de culture puis centrifuger à 600 g pendant 5 mn. Après avoir ôté le surnageant, le culot de souches plasmodiales ainsi obtenu à été dilué avec des hématies fraîches et mis en culture pendant quelques jours (suivant le besoin) avant son utilisation dans les tests de chimiosensibilité.

3.7 Techniques de congélation des souches de *P. falciparum*

La technique de congélation utilisée est celle décrite par Diggs *et al*., (1975).

3.7.1 Préparations des solutions de congélation

- Solution Cryoprotecteur

La solution "Cryoprotecteur" est une solution qui permet de conserver en vie, les souches de *Plasmodium falciparum* à très base température. La préparation de cette solution a été réalisée de la manière suivante : dans 50 ml d'eau bidistillée, ont été dissout 0,186 g de KCl et 7,84 g de lactate de sodium. A la solution ainsi obtenue, nous avons ajouté 285,48 g de glycérol, et ensuite ajusté le pH à 7,4 avec de l'hydroxyde de sodium. Le tout a été complété à 500 ml avec de l'eau bidistillée. La solution finale obtenue, après filtration a été conservée à 4°C.

3.7.2 Congélation

La congélation a été effectuée essentiellement avec les cultures au stade anneaux, car les schizontes et les trophozoïtes matures sont détruits durant la congélation.

Les cultures au stade anneau (essentiellement) avec la plus forte parasitémie possible ont été centrifugées à 600 g pendant 5 mn. Le volume du culot cellulaire (PCV) a été ensuite estimé. Après deux lavages avec du milieu de culture, il a été ajouté goutte à goutte 0,4 PCV de solution "cryoprotecteur" préalablement amené à température ambiante (750 μl/mn sous agitation). Le mélange a été laissé au repos pendant 5 mn avant d'y ajouté 1,2 PCV de solution cryoprotecteur. Le mélange a été aliquoté dans des ampoules de 1 à 1,5 ml et placé sous vapeur d'azote liquide une nuit avant d'être mis dans l'azote liquide en attendant une prochaine utilisation. Les souches ainsi conservées peuvent être réutilisées après plusieurs années de congélation.

3.8 Technique de synchronisation des cultures de souches de *P. falciparum*

Cette synchronisation est basée sur la sélection (Jensen, 1978 ; Pasvol *et al.*, 1978) ou la lyse de formes âgées (Lambros et Vanderberg, 1979).

3.8.1 Sélection des formes âgées

Les cultures ont été centrifugées à 550 g pendant 5 mn. Le culot cellulaire a été repris par 3 fois son volume de milieu complet à 37 °C. Une solution commerciale de gélatine à 3% (PlasmionTM, Perfuflex) préalablement chauffée à 37 °C, a été mélangée à volume égal à la suspension. Le tube a été placé à 37 °C et la sédimentation s'est effectué en 20-30 mn. Après centrifugation à 550 g pendant 5 mn, la phase supérieure contenant les parasites matures (50 à 95%) a été ensuite prélevée et remise en culture avec un apport en globules rouges sains.

3.8.2 Lyse des formes âgées

La culture a été centrifugée à 800 g pendant 5 mn à température ambiante. Après avoir retiré le surnageant, le volume du culot cellulaire a été estimé. Le culot cellulaire a été repris avec 9 volumes de sorbitol (5%) à 37°C et la suspension obtenue a été incubée à 37°C pendant 5 mn. La suspension a été ensuite centrifugée afin d'obtenir un culot cellulaire ne contenant que de jeunes trophozoïtes qui ont pu être directement utilisé soit pour une nouvelle culture en continue ou pour des tests de chimiosensibilité.

3.9 Test de chimiosensibilité *in vitro* de *P. falciparum* aux antipaludiques
3.9.1 Dilution des drogues et chargement des plaques
3.9.1.1 Dilution du principe actif de la chloroquine

La solution mère de chloroquine de concentration $C_0 = 5$ mg/ml a été obtenue par dissolution de 5 mg de sulfate de chloroquine dans 1 ml d'eau bi-distillée (Basco, 1996). Quinze (15) μl de cette solution ont été mélangés à 2,5 ml de milieu de culture, pour donner une première solution fille de concentration $C_1 = 30$ μg/ml. Enfin, 500 μl de cette solution fille, ont été mélangés à 4,5 ml de milieu de culture pour donner une deuxième solution fille de concentration $C_2 = 3$ μg/ml. C'est cette solution qui a été utilisée pour les doubles dilutions après filtration sur filtre millipore (0,22 μm). Les gammes de concentrations finales de chloroquine variaient ainsi de 12,5 à 1600 nM.

3.9.1.2 Dilution du principe actif de la Pyriméthamine

Une solution mère de la pyriméthamine, à la concentration de 2 mg/ml, a été obtenue par dissolution de 6 mg du principe actif dans 3 ml de diméthylsulfoxyde (DMSO). A 148 μl de cette solution, ont été ajoutés 2,85 ml de milieu de culture, pour donner une première solution fille à 99 μg/ml. Un ml de cette dernière solution a été mélangé à 9 ml de milieu de culture pour donner une deuxième solution fille à 9,9 μg/ml. Cette deuxième solution fille a été utilisée pour les doubles dilutions, avec une gamme de concentration variant de 56,25 à 8000 nM.

3.9.1.3 Dilution des extraits de OLSU et de BGG

Une quantité de 62,5 mg de poudre de OLSU ou de BGG ont été dissouts dans 10 ml d'éthanol afin d'obtenir une solution mère de concentration $C_0 = 6,25$ mg/ml. Ensuite, 1ml de cette solution mère a été additionné à 9 ml de milieu de culture pour donner une solution fille de concentration $C_1 = 0,625$ mg/ml. Cette solution a été utilisée pour les doubles dilutions pour donner une gamme de concentrations finales de OLSU et de BGG variant de 0,97 à 125 μg/ml.

Dans chaque cas, qu'il s'agisse des antipaludiques usuels (chloroquine et pyriméthamine) ou des antipaludiques naturels (OLSU et BGG), chaque concentration a été distribuée à raison de 50 μl par puits dans des plaques de 96 puits (microtest).

3.9.2 Association de l'extrait C de OLSU et de BGG à la chloroquine

Pour étudier l'effet de OLSU et de BGG sur l'activité schizonticide de la chloroquine, des concentrations fixes ont été choisies autour de la CI_{50} moyenne sur les souches et les isolats chloroquinorésistants. Chacune de ces concentrations a été associée à une gamme de chloroquine allant de 12,5 à 1600 nM.

A la différence de la courbe de sensibilité à la chloroquine seule, il a été nécessaire de tenir compte de l'action de la concentration de l'agent potentialisateur. La première courbe obtenue était en réalité la courbe du nombre de schizontes comptés. Cette courbe a été normalisée en soustrayant l'action de la concentration de l'agent potentialisateur associée à la chloroquine. Il faut considérer le nombre de schizontes formés dans chacun des cas comme 100% de maturation. Pour le tracé du pourcentage de maturation, il est donc nécessaire de diviser le nombre de schizontes obtenu pour chaque concentration de la chloroquine associée à la concentration de l'agent potentialisant par le nombre de schizontes correspondant à 100% de maturation pour la concentration considérée.

3.9.3 Préparation de l'échantillon de globules rouges parasités

- Préparation du sérum

Les poches de sérum de groupe O^+, provenant de donneurs européens (dépourvu d'anticorps antiplasmodiaux) conservées au congélateur ont été sorties et décongelées à température ambiante. Après décongélation, le sérum ainsi obtenu a été utilisé pour les tests sur les souches de laboratoire.

Dans le cadre du test de comparaison de l'influence de la nature du sérum, il a été aussi utilisé sur les souches, un pool de sérum provenant de personnes saines vivant dans des zones d'endémie palustre. Ce sérum a été soit décomplémenté (SR), soit utilisé directement (SND) sur 3 souches K1, FCB1 et PFB.

Pour la décomplémentation, les poches ont été mises au bain marie à 50°C pendant 45 mn. Ensuite, le sérum a été aliquoté dans des tubes Falcon® de 50 ml et centrifugé à 3000 trs/mn pendant 10 mn à 4°C. Ensuite, le surnagent a été prélevé et filtré sur filtre millipore.

Pour la culture des isolats, il a été utilisé du sérum non décomplémenté, prélevé directement sur des personnes non impaludées.

- Préparation de l'inoculum à l'aide de souches de référence et d'isolats de *P. falciparum*

* Le sang recueilli chez les malades parasités a été centrifugé pendant 5 minutes à 1800 tours/mn pour éliminer la couche leuco-plaquettaire et le plasma. Le culot globulaire obtenu a été transvasé dans un tube à centrifuger auquel est ajouté du RPMI de lavage. Le mélange a été alors centrifugé 3 fois (Centrifugeuse Sigma 301) à +4°C pendant 5 mn à 1800 tours/ mn. Un frottis mince a été réalisé à partir du culot pour vérifier la densité parasitaire qui doit être comprise entre 4000 et 8000 GRP/μl. Lorsque cette parasitémie était supérieure à 8000, elle est ramenée aux proportions ci-dessus indiquées par dilution avec des globules rouges non parasités du groupe O^+. La préparation de la suspension globulaire ou inoculum est réalisée comme précédemment (ajout du culot globulaire à parasitémie comprise entre 0,1 à 0,2% à la solution de RPMI contenant 10% de sérum).

* La préparation de la suspension globulaire (l'inoculum) a consisté à mettre dans un flacon stérile, 19,1 ml de RPMI contenant du sérum humain (10%) soit décomplémenté, soit non décomplémenté (afin d'étudier l'effet du sérum sur la croissance des souches) et 900 μl de globules rouges parasités issues de cultures continues des souches prises au stade d'anneau (rings) ou du sang de paludéen préalablement lavé avec une parasitémie comprise entre 0,1 à

0,2%. Dans le cas contraire (parasitémie supérieure à 0,2%), le sang est d'abord diluées avec des hématies non parasitées de groupe O⁺.

3.9.4 Mise en culture de l'inoculum

La technique du microtest de Rieckmann adopté par l'OMS a été utilisée dans cette étude (Rieckmann *et al.*, 1978 ; WHO, 1990). L'inoculum pour une plaque de 96 puits était composé de 19,1 ml de milieu de culture contenant du sérum humain à 10% (RPS) et de 900 μl de parasites. L'inoculum a été distribué à raison de 200 μl par cupule dans les plaques Multiwell® à 96 puits contenant soit l'antipaludique de référence, soit des extraits de OLSU ou de BGG. Elles ont été ensuite homogénéisées par agitation sur vibreur automatique pendant quelques secondes et déposées dans une jarre à bougie dans laquelle a été crée, à l'aide d'une bougie allumée puis éteinte, une atmosphère appauvrie en oxygène mais enrichie en gaz carbonique. L'humidité y était maintenue à l'aide d'une cuve d'eau. L'ensemble a été incubé dans un incubateur de type bactériologique à 37°C. Dans le cas des tests réalisés avec les souches plasmodiales, 24 h après l'incubation les plaques de cultures ont été sorties et l'hypoxanthine tritiée y a été ajoutée à raison de 0,5 μCi/puits. Ensuite les plaques ont été remises à incuber pendant 18 h supplémentaires.

Dans les deux cas, après 42 h d'incubation, les plaques sont sorties et la présence de schizontes (parasites avec plus de 3 noyaux) est recherchée dans les puits de contrôle (ne contenant pas d'hypoxanthine tritiée pour les souches de référence) afin de valider le test. Au cas où le test est validé, il est procédé à l'évaluation de l'activité par comptage des schizontes au compteur béta (tests isotopiques). Dans le cas du test non isotopique (lecture au microscope) en dehors de la présence de schizontes, le test est validé lorsque le nombre de schizontes (parasites avec plus de 3 noyaux) représente au moins 20% des parasites asexués dans les puits de contrôles (OMS, 1994).

3.9.5 Collecte cellulaire et comptage
3.9.5.1 Tests isotopiques

Après le temps d'incubation les plaques ont été sorties de l'incubateur puis congelées pendant 4 heures à -80°C et ensuite décongelées. La congélation et la décongélation des plaques a permis de libérer l'ADN plasmodiales radio-marquées par l'hypoxanthine tritiée. L'ADN a été par la suite recueillies après lavage sur un papier filtre de fibre de verre en bande rectangulaire à l'aide d'un collecteur cellulaire (Skatron Titertex Cell Harvester, Lier, Norway). Une fois la collecte terminée, le papier filtre a été retiré et mis à sécher. La radioactivité a été mesurée à l'aide d'un compteur Wallac MicroBeta®. Tous les résultats ont été exprimés à la fin du comptage sous formes de listings qui ont permis l'exploitation des résultats.

3.9.5.2 Tests microscopiques

Dans le cas des tests non isotopiques, c'est à dire ceux effectués avec les isolats de la nature, la lecture a été faite par gouttes épaisses au microscope optique.

3.9.6 Méthodes d'analyse des résultats
3.9.6.1 Détermination de la CI_{50} et CI_{90}

Les données brutes du compteur bêta étant exprimées en coups par minute (cpm), il faut considérer comme 100% de croissance parasitaire la valeur des cupules témoins sans médicament et celle des cupules renfermant la concentration la plus élevée de médicament comme 0% de croissance. Un programme informatique mis au point par le laboratoire du Muséum a permis à partir des données du listing de déterminer la CI_{50} et CI_{90} de nos antipaludiques. Il est ainsi possible, à partir des valeurs du listing, de tracer les différentes courbes de maturation de chaque souche en fonction de l'antipaludique étudié.

Dans le cas des tests microscopiques, la CI_{50} et la CI_{90} ont été déterminées après comptage des schizontes des différents puits. Soit X la moyenne de schizontes de ces puits témoins et Y la moyenne des schizontes pour chaque concentration de drogue, le pourcentage de maturation a été déterminé par la relation Y / X x 100. La courbe dose-effet du taux de maturation ou d'inhibition en fonction des concentrations de drogue est une courbe sigmoïdale. La concentration pour 50% d'inhibition a permis de déterminer si l'isolat était résistant ou sensible.

Un isolat a été considéré comme résistant à la chloroquine, lorsque la CI_{50} était supérieure à 100 nM, et résistant à la pyriméthamine si celle-ci était supérieure à 2000 nM (Le Bras *et al.*, 1984).

3.9.6.2 Méthodes statistiques

- Test de Kappa (K)

Le test de Kappa de Cohen a permis de déterminer la concordance entre le niveau de densité parasitaire initial et le phénotype des isolats (Fermanian, 1984 ; Com-Nougue et Rodary, 1987 ; Cicchetti et Feinstein, 1990 ; Byrt *et al.*, 1993).

Ainsi, le degré de l'accord entre deux tests peut être qualifié comme suit : **très bon** : $K \geq 0,81$; **bon** : $0,61 \leq K \leq 0,80$; **modéré** : $0,41 \leq K \leq 0,60$; **médiocre** : $0,21 \leq K \leq 0,40$; **mauvais** : $0 \leq K \leq 0,20$; **très mauvais** : $K < 0$.

- **Test du Khi 2 (χ^2)**

Le test du Khi 2 a permis la comparaison entre deux CI_{50} moyennes. Quand la valeur du χ^2 calculé est inférieure à celle prévue pour un risque de 5% à un degré de liberté (ddl = 1), nous en concluions qu'il n'y avait pas de différence significative entre les deux moyennes. Dans le cas contraire, les moyennes sont différentes.

$$\chi^2 = \sum \frac{(Fo - Fe)^2}{Fe}$$ Fo : fréquences observées, Fe : fréquences théoriques

3.9.6.3 Calcul de l'index de potentialisation de la chloroquine

L'index de potentialisation du pouvoir schizonticide de la chloroquine (ou AEI pour "Activity Enhancement Index") est le résultat du calcul de la division de la CI_{90} de la chloroquine seule par la CI_{90} de l'association de la chloroquine et un agent potentialisateur (Peters *et al.*, 1989). Cet index a permis une analyse rapide de l'effet synergique du composé associé à la chloroquine. On considère qu'un agent potentialisateur est efficace à une concentration qui augmente le pouvoir schizonticide de la chloroquine avec un index de potentialisation supérieure ou égale à 2 (Peters *et al.*, 1990). Lorsque l'index de potentialisation est compris entre 2 et 1, la potentialisation est considérée comme non significative. Lorsque celle-ci est égale à 1, il n'y aucun effet synergique du composé sur la chloroquine. Dans ce cas, les produits agissent comme s'ils étaient utilisés. Dans le cas où l'index de potentialisation est inférieur à 1, nous sommes en présence d'un antagonisme (Seifer et Croft, 2006). Le composé dans ce cas ci inhibe le pouvoir schizonticide de la chloroquine.

$$AEI = \frac{CI_{90}\ CQ\ seul}{CI_{90}\ CQ + Composé}$$

3.9.6.4 Isobologramme

L'isobologramme est un tracé graphique classique en pharmacologie qui permet d'exprimer l'activité résultant de l'action simultanée de deux molécules.

Les CI_{50} résultant de l'association molécule-chloroquine ont été exprimées en pourcentage des CI_{50} de chaque molécule mesurée isolement. Ces fractions de CI_{50} ont été reportées sur les axes d'un graphe permettant d'exprimer l'activité résultant de l'action simultanée des deux molécules (Peters *et al.*, 1989b ; Fivelman *et al.*, 2004).

Par convention, on exprime en abscisse les fractions de la chloroquine et en ordonnée celles de la molécule associée. Sur chaque axe la valeur 1.0 représente la CI_{50} de chaque produit pris isolement. Pour chaque concentration de l'association, les deux pourcentages obtenus définissent des coordonnés d'un point du graphe. La courbe joignant les différents points est comparée à la diagonale joignant les points unités sur les deux axes.

* Dans le cas où la courbe suit la diagonale, c'est-à-dire à approximativement parallèle à la diagonale, l'action des deux produits associés est indépendante. Les produits agissent comme s'ils sont utilisés séparément.

* Si la courbe est convexe et se situe au dessus de la diagonale, il y a suppression de l'activité de la chloroquine ; nous sommes en présence d'un antagonisme.

* Si la courbe est par contre concave et se rapproche des axes des abscisses il y a potentialisation de la chloroquine; nous avons donc une synergie d'action. Le composé ajouté augmente le pouvoir schizonticide de la chloroquine ou la molécule de référence.

RESULTATS

1. Effet de la nature du sérum sur la croissance des souches

Le sérum humain décomplémenté (SD) ajouté au RPMI 1640 de lavage a permis d'obtenir des maturations de trophozoïtes de *P. falciparum* en schizontes supérieur à 20% (taux de maturation référentiel pour valider la culture *in vitro*) et ce, quelque soit la souche plasmodiale. En absence de tout antipaludique, cette maturation est de 83% pour FCB1, 75% pour PFB et 90% pour K1 (Figure 4). Avec le sérum humain non décomplémenté (SND) provenant de donneurs non paludéens vivant dans une région où sévit le paludisme, dans les mêmes conditions expérimentales, nous avons obtenu aussi une maturation des trophozoïtes en schizontes supérieure à 20%. Le taux de maturation dans ce cas est de 77% pour FCB1, 70% pour PFB et de 80% pour K1 (Figure 4).

Une comparaison des taux de maturation de chaque souche en fonction du sérum utilisé, nous a donné des valeurs statiquement identiques selon le test du Khi 2 (Tableau I).

Les résultats des tests de chimiosensibilité *in vitro* à la pyriméthamine et à la chloroquine des souches FCB1, PFB et K1 sur milieu contenant du sérum non décomplémenté avoisinent ceux obtenus avec le sérum de référence. Les CI_{50} moyennes de la pyriméthamine sont respectivement $253,60 \pm 52,75$ nM, $48,94 \pm 1,34$ nM et $4876,8 \pm 562,57$ nM pour les souches FCB1, PFB et K1 sur SD. Ces CI_{50} moyennes sont de $230,58 \pm 29,69$ nM, $48,29 \pm 0,04$ nM et $4877 \pm 216,37$ nM sur SND (Tableau III).

Sur milieu contenant du sérum décomplémenté (SD) avec lequel nous avons réalisé la suite de nos expériences, nous avons pu déterminer la sensibilité de quatre souches de laboratoire en présence de la chloroquine et la pyriméthamine (Tableau II).

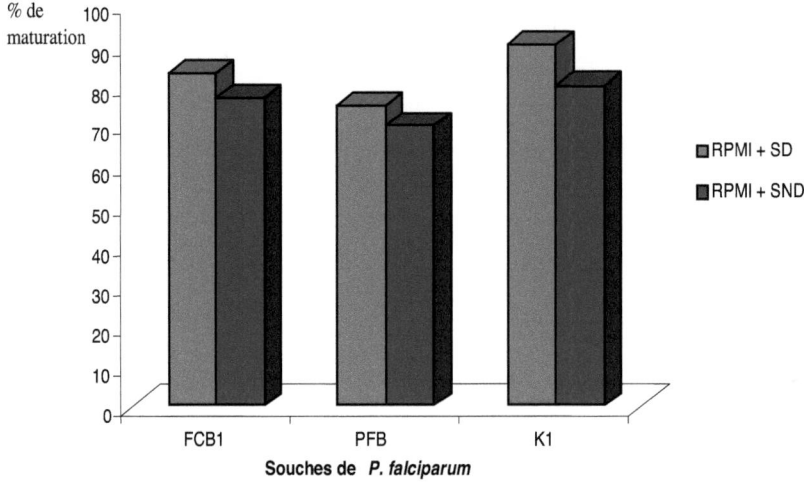

Figure 4: Taux de maturation en schizontes de *P. falciparum* en fonction de la souche plasmodiale et de la nature du sérum

Tableau I : Comparaison du taux de maturation des souches en fonction du sérum ajouté au milieu de culture en absence d'antipaludiques

Taux de maturation en % (*n = 3)			
Souches *Plasmodium*	SD	SND	Test du Khi 2 (χ^2) à p = 0,05
FCB1	83	77	0,225
PFB	75	70	0,172
K1	90	80	0,588

n : nombre de tests réalisés

Tableau II : Sensibilité des souches de *P. falciparum* aux molécules usuelles

CI_{50} des molécules usuelles en nM (*n = 3)		
Souches de *Plasmodium*	Chloroquine	Pyriméthamine
FCB1	105,05 ± 2,87	253,31 ± 52,75
K1	115,32 ± 2,76	4876,8 ± 562,57
PFB	109,83 ± 1,07	48,94 ± 1,34
F32	39,75 ± 3,52	114,37 ± 4,67

n : nombre de tests réalisés

Tableau III : Sensibilité *in vitro* de *P. falciparum* (souches de référence) à la pyriméthamine et à la chloroquine en fonction de la nature du sérum utilisé

Souches de *Plasmodium*	Sérum décomplémenté (SD)	Sérum non décomplémenté (SND)	Test du Khi 2 (χ^2) $p = 0,05$
CI_{50} en nM de la pyriméthamine (*n = 3)			
FCB1	253,31 ± 52,75	230,58 ± 29,69	1,07
PFB	48,94 ± 1,34	48,29 ± 0,04	0,004
K1	4876,8 ± 52,57	4804,75 ± 216,37	0,54
CI_{50} en nM de la chloroquine (*n = 3)			
FCB1	105,05 ± 2,87	105,41 ± 3,73	0,006
PFB	109,83 ± 1,07	112,74 ± 3,69	0,04
K1	115,32 ± 2,76	115,33 ± 0,02	< 0,001

n : nombre de tests réalisés

2. Chimiosensibilité des souches de *P. falciparum* à OLSU et BGG

Selon les normes du laboratoire USM 0504 "Biologie fonctionnelle des protozoaires", un extrait de plante a une activité antiplasmodiale lorsque la CI_{50} déterminée est inférieure à 50 µg/ml (CI_{50} < 50 µg/ml). Les résultats de l'essai antiplasmodial *in vitro* des extraits éthanoliques et des quatre fractions (extraits B, C, D, E) obtenues à partir des extraits éthanoliques initiaux respectifs d'*Olax subscorpioidea* (OLSU) et de *Morinda morindoides* (BGG) sont présentés dans le tableau IV.

Il est apparu dans les conditions expérimentales que les extraits éthanoliques de OLSU et de BGG possédaient une activité antiplasmodiale (CI_{50} < 50 µg/ml) aussi bien sur les souches testées, avec une meilleure activité pour l'extrait de BGG (18,57 µg/ml sur F32, 15,63 µg/ml sur FCB1 et 4,67 µg/ml sur PFB et 6,12 µg/ml sur K1).

Des quatre fractions issues de l'extrait éthanolique de OLSU, seule la fraction d'acétate d'éthyle (Extrait C) possède une activité antiplasmodiale sur les quatre souches. Toutes les autres fractions sont sans activité, car les CI_{50} > 50 µg/ml.

Les fractions issues de BGG, à l'exception de l'extrait aqueux (extrait C CI_{50} > 50 µg/ml), possédaient toutes une action schizonticide sur F32 (souche sensible à la chloroquine (CQ-S) et à la pyriméthamine (PYR-S)) et FCB1 (souche CQ-R, mais PYR-S). Toutefois, les CI_{50} (6,12 µg/ml sur F32 et 4,88 µg/ml sur FCB1) de la fraction d'acétate d'Ethyle étaient les plus faibles (Figure 4).

Cependant, la différence entre les CI_{50} moyennes déterminées de la fraction d'acétate d'éthyle de OLSU sur la souche sensible (F32) (32,47 ± 0,31µg/ml) et sur les souches résistantes (FCB1, PFB et K1) (28,12 ± 0,71 µg/ml) n'est pas significative (χ^2 = 0,31 à 5% avec un degré de liberté égale à un (ddl=1)). Il en va de même de la fraction d'acétate d'éthyle de bgg (χ^2 = 0,08 à 5% avec ddl=1) : souche sensible (6,12 ± 0,27 µg/ml) et souches résistantes (5,22 ± 0,31 µg/ml).

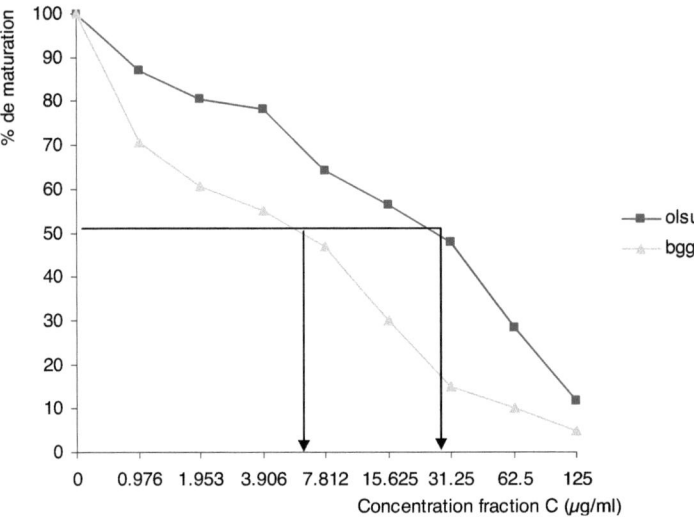

Figure 5 : Inhibition de la maturation de *P. falciparum* (souche FCB1) par l'extrait C de OLSU et de BGG

Tableau IV: CI_{50} des souches de *P. falciparum* aux fractions de OLSU et de BGG

		\multicolumn{4}{c}{CI_{50} en µg/ml (*n = 3)}			
		F32	K1	PFB	FCB1
B G G	A	18,57 ± 1,58	17,87 ± 0,58	17,51 ± 0,53	15,63 ± 0,51
	B	46,48 ± 0,48	≥ 50	45,16 ± 2,60	43,32 ± 2,53
	C	6,12 ± 0,27	6,12 ± 0,27	4,66 ± 0,56	4,88 ± 0,09
	D	17,20 ± 1,28	21,50 ± 0,57	18,89 ± 0,66	18,89 ± 0,66
	E	≥ 50	≥ 50	≥ 50	≥ 50
O L S U	A	46,47 ± 0,25	≥ 50	47,72 ± 1,48	47,95 ± 0,64
	B	≥ 50	≥ 50	≥ 50	≥ 50
	C	32,47 ± 0,31	28,14 ± 1,01	28,19 ± 0,9	28,04 ± 0,22
	D	≥ 50	≥ 50	≥ 50	≥ 50
	E	≥ 50	≥ 50	≥ 50	≥ 50

A : extrait éthanolique   **B** : extrait cyclohexane   **C** : extrait acétate d'éthyle
D : extrait n-butanol   **E** : extrait aqueux

3. Chimiosensibilité *in vitro* des isolats de *P. falciparum* à la CQ et à OLSU

Le test de la chimiosensibilité à la chloroquine des huit isolats érythrocytaires de paludéens a donné 2 isolats chloroquinosensibles [isolats IB (31, 25 nM) et LF (22,65 nM), avec une CI_{50} moyenne de 26,95 ± 6,08 nM] et 6 isolats chloroquinorésistants [isolats AM (140 nM), AO (280 nM), KM (250 nM), SM (275), TA (138 nM) et TM (150 nM)] soit 75% de résistants avec une CI_{50} moyenne de 205,5 ± 69,69 nM].

La sensibilité de ces huit isolats à la fraction C de OLSU a été testée parallèlement à celle de la chloroquine et nous avons obtenu une CI_{50} moyenne de 29,23 µg/ml sur les isolats chloroquinosensibles et une CI_{50} moyenne de 29,06 µg/ml avec les isolats résistants. Tous ces résultats sont regroupés dans le tableau V.

Il n'y a pas de différence significative (χ^2= 0,31 à 5% avec ddl=1) de la moyenne des CI_{50} de la fraction d'acétate d'Ethyle de OLSU sur les isolats CQ-R (Moy CI_{50} = 29,06 ± 0,64 µg/ml) et CQ-S (Moy CI_{50} = 29,06± 0,76 µg/ml).

Tableau V : Activité *in vitro* de la chloroquine et de la fraction C de OLSU sur des isolats de P. falciparum

ISOLATS	CQ (nM)	OLSU (μg/ml)
AM	140 (R)	28,58
AO	280 (R)	29,9
KM	250 (R)	28,58
SM	275 (R)	29,85
TA	138 (R)	28,62
TM	150 (R)	28,85
IB	31,25 (S)	29,77
LF	22,65 (S)	28,69

S : chloroquinosensibles   R : chloroquinorésistants

4 Relation entre la densité parasitaire initiale et l'expression du phénotype des isolats à la chloroquine

Au cours de cette étude, les huit (8) isolats mis en culture avaient une parasitémie initiale variant de 4000 globules rouges parasités par μl de sang (GRP/μl) (0,1%) à 130 000 GRP/μl (3,25%). Parmi ces 8 isolats, 3 (37,5%) avaient une densité parasitaire comprise entre 0,1% (4000 GRP/μl) et 0,2% (8000 GRP/μl), contre 5 isolats (62,5%) à densité parasitaire supérieure à 0,2%. Les CI_{50} déterminées ont permis d'identifier 6 isolats chloroquinorésistants (CQ-R) (75%) et 2 isolats chloroquinosensibles (CQ-S) (25%) avec des CI_{50} variant de 31,25 nM à 280 nM (Figure 6, Tableau VI). La moyenne des CI_{50} variait de 205,5 ± 69,69 nM pour les isolats CQ-R contre une moyenne de 26,95 ± 6,08 nM pour les isolats CQ-S.

L'analyse de la corrélation DPi/phénotype (R ou S) des isolats a permis d'obtenir parmi les 6 isolats chloroquinorésistants, 4 isolats (67%) de DPi > 0,2%, contre 2 isolats (33%) de DPi $\leq$ 0,2%. Dans la population des isolats chloroquinosensibles, 1 isolat (50%) avait une DPi > 0,2% pour 1 isolat CQ-S (50%) de DPi $\leq$ 0,2% (Tableau VI).

La recherche de la corrélation entre l'expression des phénotypes des isolats et la densité parasitaire initiale nous a donné une valeur de Kappa égale à 0,14 (Tableau VII). Cette valeur nous a permis donc d'affirmer qu'il n'y a pas de corrélation entre l'expression du phénotype d'un isolat et sa densité parasitaire initiale.

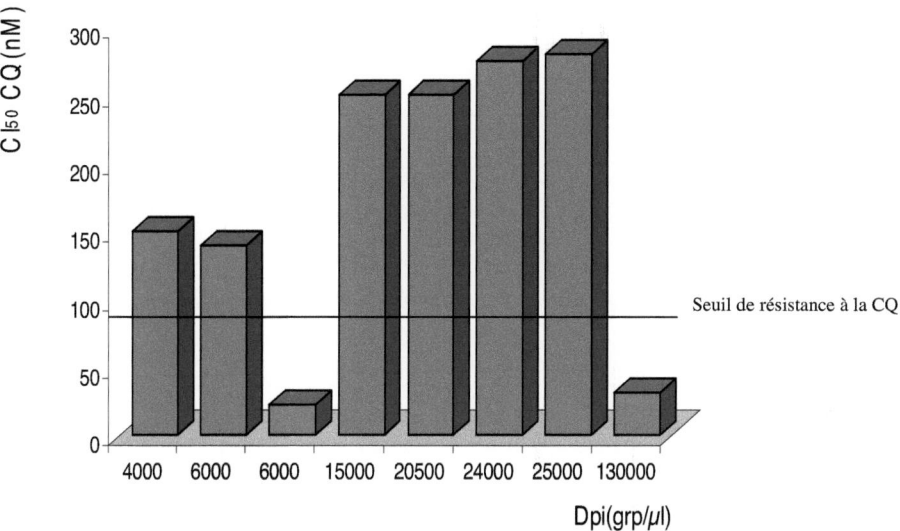

Figure 6: Répartition de la résistance en fonction de la densité parasitaire initiale

Tableau VI : Expression du phénotype des isolats en fonction de la DPi

N° ISOLATS	DP INITIALE EN GRP X 1000 (% GRP)	CI_{50} en nM	PHENOTYPE
AM	6 (0,15%)	140	R
AO	25 (0,62%)	280	R
KM	15 (0,37%)	250	R
IB	130 (3,25%)	31,25	S
LF	6 (0,15%)	22,65	S
SM	24 (0,6%)	275	R
TA	20,5 (0,51%)	138	R
TM	4 (0,1%)	150	R

Tableau VII : Concordance entre la densité parasitaire initiale et le phénotype des isolats de *P. falciparum*

DENSITE PARASITAIRE EN GPR /μL*	PHENOTYPE DES ISOLATS		Totaux
	CQ-R	CQ-S	
Supérieure à 8000 (0,2 %)	4	1	**5**
Comprise entre 4000 (0,1%) et 8000 (0,2%)	2	1	**3**
Totaux	**6**	**2**	**8**

Kappa = 0, 14

5. Activité de la chloroquine associée à différentes concentrations de l'extrait C de OLSU et de BGG sur les souches

5.1 Association chloroquine/extrait C de OLSU

5.1.1 Association chloroquine/extrait C de OLSU sur des souches de référence chloroquinorésistantes

Il a été obtenu une diminution de la CI_{50} de la chloroquine lorsque la chloroquine est associée à l'extrait C de OLSU (Figure 7, Tableau VIII). Avec 6 µg/ml de OLSU, la CI_{50} de la chloroquine n'est pas rabaissée en dessous du seuil de résistance (100 nM), sauf sur la souche PFB (CI_{50} = 98,30 nM). A partir d'une concentration supérieure ou égale à 12 µg/ml de OLSU associé à la chloroquine, il a été observé une nette diminution de la CI_{50} en dessous du seuil de chloroquinorésistance et cela quelque soit la souche.

La concentration de 12 µg/ml de OLSU associée à la chloroquine a été donc la plus petite concentration à partir de laquelle il a été observé une réversion de la chloroquino- résistance. Les CI_{50} des souches FCB1, K1, et PFB sont passées de 105,5 nM, 115,32 nM, 109,83 nM à 43,5 nM, 51,2 nM, 46,3 nM respectivement.

Tout comme la baisse de la CI_{50}, la potentialisation de la chloroquine par une concentration de 6 µg/ml de l'extrait C de OLSU est non significative. En effet, avec 6 µg/ml de la fraction C de OLSU, l'AEI sur les trois souches est comprise entre 1 et 2 (1,1 ; 1,2 ; 1,8 avec FCB1, K1 et PFB respectivement). A partir d'une concentration de 12 µg/ml de l'extrait C de OLSU, l'AEI de la chloroquine est supérieur à 2. L'effet synergique est observé à la concentration supérieure ou égale à 12 µg/ml. L'AEI de 2,2 ; 2,1 ; 2,7 avec 6 µg/ml de l'extrait C de OLSU et de 4,5 ; 2,6 ; 3,3 avec 30 µg/ml de la fraction C de OLSU sur FCB1, K1, et PFB respectivement. La concentration de 12 µg/ml de l'extrait C de OLSU est la plus petite concentration qui entraîne une potentialisation du pouvoir schizonticide de la chloroquine.

Les données présentées ci-dessus sur l'interaction entre la chloroquine et l'extrait C de OLSU chez les souches chloroquino-résistantes (Tableau X) ont été résumées sous formes d'isobologrammes pour mieux apprécier les interactions des composés. Les courbes concaves des associations chloroquine/extrait C de OLSU, s'approchent des axes, indiquant une nette synergie des composés sur les trois souches chloroquino-résistantes (K1, PFB, FCB1) (Figures 8, 9, 10).

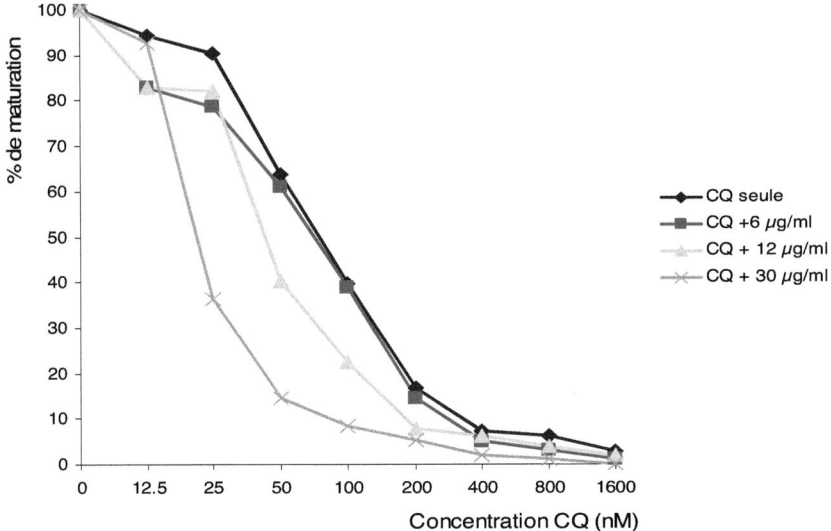

Figure 7 : Inhibition de la maturation de *P. falciparum* (souche FCB1) par la chloroquine associée à des concentrations variantes de OLSU (Extrait C)

Tableau VIII : Activité *in vitro* de la chloroquine associée à l'extrait C de OLSU sur des souches de *P. falciparum* résistantes

Activité sur le *Plasmodium* / Composés	Activité de la chloroquine (CQ) en nM (n =3)								
	FCB1			**K1**			**PFB**		
	CI_{50}	CI_{90}	AEI	CI_{50}	CI_{90}	AEI	CI_{50}	CI_{90}	AEI
Chloroquine seule (CQ)	105,5	380	--	115,32	229,67	--	109,83	218,55	--
CQ + 6 µg/ml de OLSU	101,5	350	1,1	105	190	1,2	98,3	120	1,8
CQ + 12 µg/ml de OLSU	43,5	175	2,2	51,2	108	2,1	46,35	79,7	2,7
CQ + 30 µg/ml de OLSU	21,87	85,3	4,5	31,6	88,5	2,6	23,15	65,75	3,3

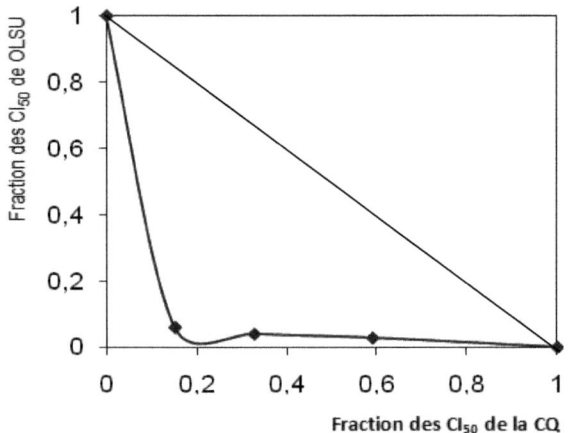

Fig. 8 : Interaction CQ-Extrait C de OLSU sur la souche K1

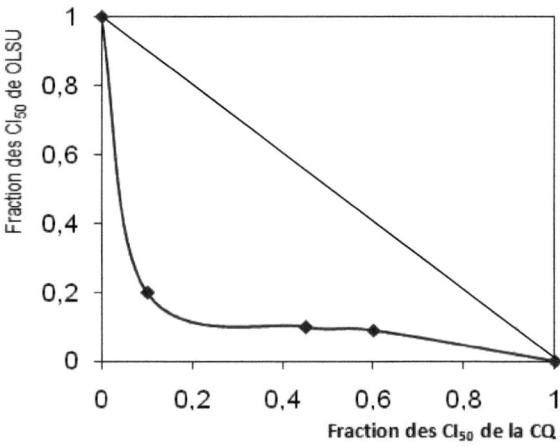

Fig. 9 : Interaction CQ-Extrait C de OLSU sur la souche PFB

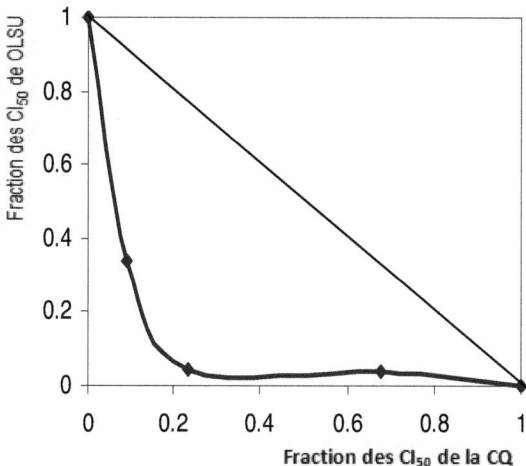

Fig. 10 : Interaction CQ-Extrait C de OLSU sur la souche FCB1

5.1.2 Association chloroquine/extrait C de OLSU sur la souche chloroquino-sensible (F32)

L'association de l'extrait C de OLSU à la chloroquine n'a pas amélioré la performance de celle-ci sur la souche sensible (Tableau IX). Il a été obtenu avec les trois concentrations de l'extrait C de OLSU des CI_{50} pratiquement identiques à celle obtenue lorsque la chloroquine est utilisée seule.

Les AEI qui ont été obtenus avec les trois concentrations de l'extrait C de OLSU sont 1,03 ; 1,01 ; et 1.00 pour des concentrations fixes de 6, 12 et 30 μg/ml respectivement. Tous ces AEI traduisaient un manque de potentialisation de la chloroquine sur la souche sensible F32.

L'isobologramme résultant de ces observations s'est traduit par une courbe pratiquement parallèle à la diagonale (Figure 11).

Tableau IX : Activité *in vitro* de la chloroquine associée à l'extrait C de OLSU sur la souche chloroquino-sensible F32

Activité sur le Plasmodium / Composés	Activité de la chloroquine (CQ) en nM $n = 3$		
	CI_{50}	CI_{90}	AEI
Chloroquine (CQ) seule	39,75	82,34	---
CQ + 6 µg/ml de OLSU	39,20	80,20	1,03
CQ + 12 µg/ml de OLSU	38,70	81,50	1,01
CQ + 30 µg/ml de OLSU	38,70	82,25	1,00

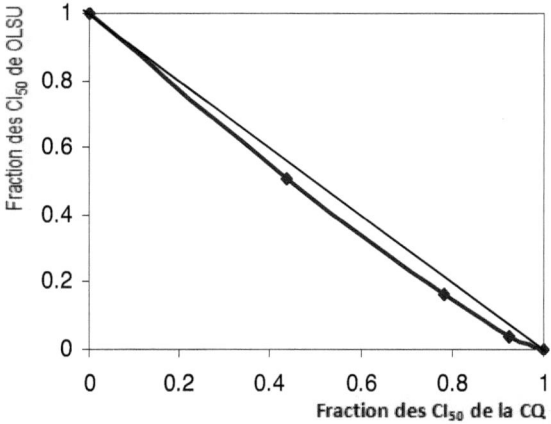

Fig. 11 : Interaction CQ-extrait C de OLSU sur la souche F32

5.2 Association chloroquine/extrait C de BGG

Il a été observé une nette augmentation de la CI_{50} de la chloroquine lorsqu'elle est associée à l'extrait C de BGG sur toutes les souches étudiées sauf avec la concentration de 3 μg/ml sur la souche FCB1 (Tableau X).

L'action de l'association chloroquine-extrait C de BGG s'est traduite par un AEI inférieur à 1 aussi bien sur les souches résistantes (Tableau X) que sur la souche sensible (Tableau XI) traduisant un antagonisme entre ces deux composés.

Ces observations ont pu être constatées par des isobologrammes au dessus de la diagonale (Figures 12, 13, 14,15).

Tableau X : Activité *in vitro* de la chloroquine associée à l'extrait C de BGG sur des souches de *P. falciparum* résistantes

Activité sur le *Plasmodium* / Composés	Activité de la chloroquine (CQ) en nM (n =3)								
	FCB1			K1			PFB		
	CI_{50}	CI_{90}	AEI	CI_{50}	CI_{90}	AEI	CI_{50}	CI_{90}	AEI
Chloroquine (CQ) seule	105,5	380	--	115,32	229,67	--	109,83	218,55	--
CQ + 1,5 µg/ml de BGG	180	1000	< 1	120	850	< 1	165,5	830	< 1
CQ + 3 µg/ml de BGG	100	800	< 1	170,5	670	< 1	140	750	< 1
CQ + 6 µg/ml de BGG	225	1550	< 1	158,7	1350	< 1	980,5	1200	< 1

Tableau XI : Activité *in vitro* de la chloroquine associée à l'extrait C de BGG sur la souche chloroquinosensible F32

Activité sur le *Plasmodium* / Composés	Activité de la chloroquine (CQ) en nM n = 3		
	CI_{50}	CI_{90}	AEI
Chloroquine (CQ) seule	39,75	82,34	---
CQ + 1,5 µg/ml de BGG	50,50	103,5	< 1
CQ + 3 µg/ml de BGG	75,50	98,50	< 1
CQ + 6 µg/ml de BGG	65,25	89,75	< 1

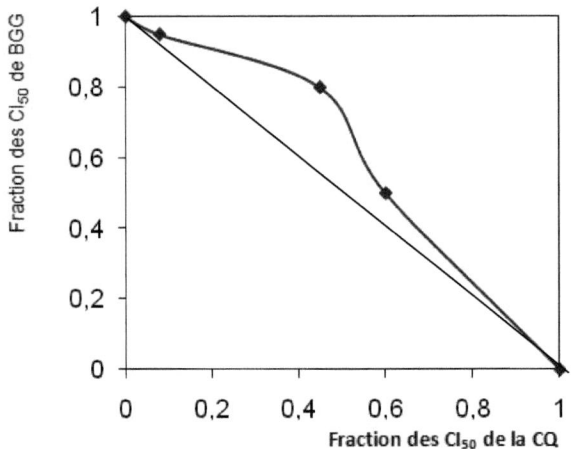

Fig. 12: Interaction CQ-Extrait C de BGG sur la souche K1

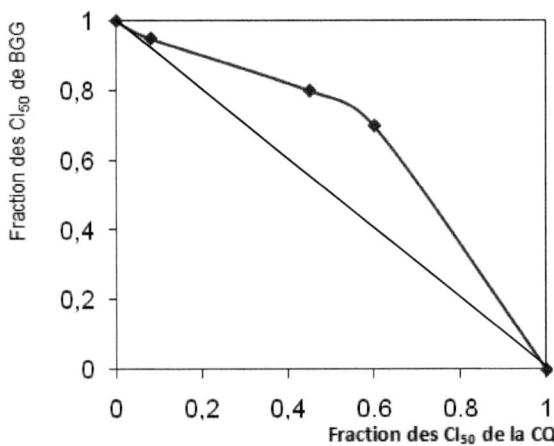

Fig. 13 : Interaction CQ- Extrait C de BGG sur la souche PFB

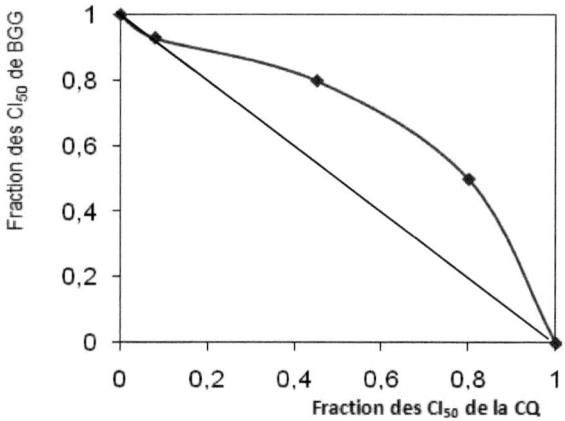

Fig. 14 : Interaction CQ- Extrait C de BGG sur la souche FCB1

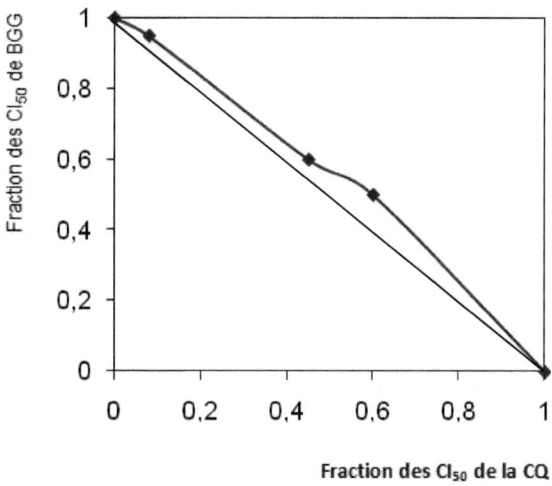

Fig. 15 : Interaction CQ- Extrait C de BGG sur la souche F32

6 Activité de la chloroquine associée à différentes concentrations de l'extrait C de OLSU sur les isolats plasmodiaux

6.1 Association chloroquine/extrait C de OLSU sur les isolats chloroquino-résistants

Tout comme avec les souches résistantes, il a été obtenu une diminution de la CI_{50} de la chloroquine lorsque celle-ci est associée à la fraction C de OLSU (Tableau XII). Avec 6 μg/ml de l'extrait C de OLSU, aucune CI_{50} de la chloroquine n'a été rabaissée en dessous du seuil de résistance (100nM).

Par contre, avec une concentration de OLSU supérieure ou égale à 12 μg/ml associé à la chloroquine, nous avons observé une nette diminution de la CI_{50} en dessous du seuil de chloroquinorésistance sur tous les isolats étudiés.

Ainsi, avec 6 μg/ml de l'extrait C de OLSU, l'AEI des isolats étudiés est compris entre 1 et 2 avec une moyenne de 1,35. A partir d'une concentration de 12 μg/ml de l'extrait C de OLSU, l'AEI de la chloroquine est supérieur à 2. L'effet synergique est donc observé à partir de cette concentration de 12 μg/ml. L'AEI moyenne est de 3,71 et 5,63 en présence de 12 et 30 μg/ml respectivement.

L'isobologramme résultant de ces données est situé en dessous de la diagonale (figures 16, 17, 18, 19, 20, 21).

Tableau XII : Activité *in vitro* de la chloroquine associée à l'extrait C de OLSU sur des isolats de *P. falciparum* chloroquino-résistants

Activité sur le Plasmodium / Composés	Activité de la chloroquine (CQ) en nM (n =3)							
	Isolat TA			Isolat AO			Isolat SM		
	CI_{50}	CI_{90}	AEI	CI_{50}	CI_{90}	AEI	CI_{50}	CI_{90}	AEI
Chloroquine (CQ) seule	138	360	--	280	1400	--	275	625	--
CQ + 6 µg/ml de OLSU	125	240	1,5	185	1076	1,3	112,5	417	1,5
CQ + 12 µg/ml de OLSU	49	97	3,7	46,92	650	2,2	45,50	750	2,3
CQ + 30 µg/ml de OLSU	13,4	49	7,3	21,24	600	2,3	12,70	1200	4,2

Activité sur le Plasmodium / Composés	Activité de la chloroquine (CQ) en nM (n =3)							
	Isolat AM			Isolat TM			Isolat KM		
	CI_{50}	CI_{90}	AEI	CI_{50}	CI_{90}	AEI	CI_{50}	CI_{90}	AEI
Chloroquine (CQ) seule	140	360	--	150	375	--	250	1300	--
CQ + 6 µg/ml de OLSU	128,20	298,80	1,20	135	375	1	130	800	1,62
CQ + 12 µg/ml de OLSU	11,72	49,50	7,27	62	135	2,78	34,38	325	4
CQ + 30 µg/ml de OLSU	9,38	37,50	9,60	18,78	75	5	15,62	250	5,40

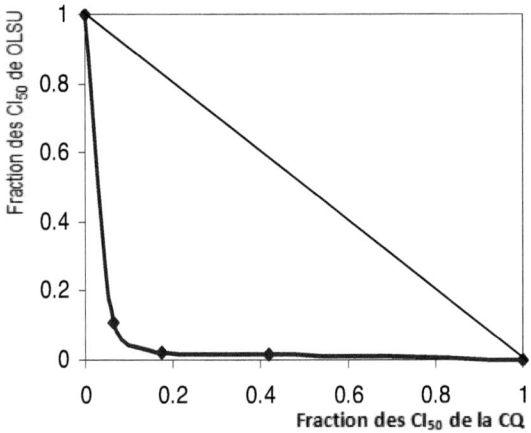

Fig. 16 : Interaction CQ- Extrait C de OLSU sur l'isolat AO

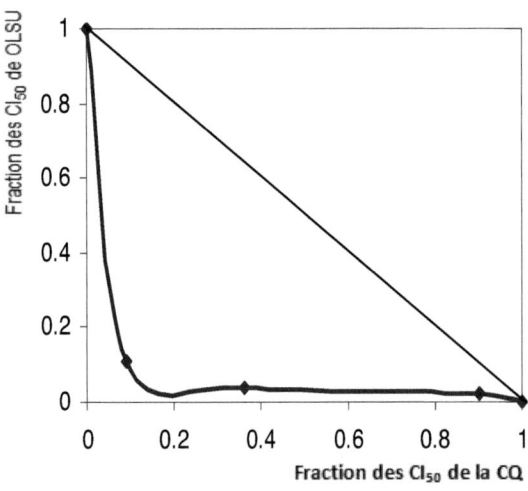

Fig. 17 : Interaction CQ-Extrait C de OLSU sur l'isolat TA

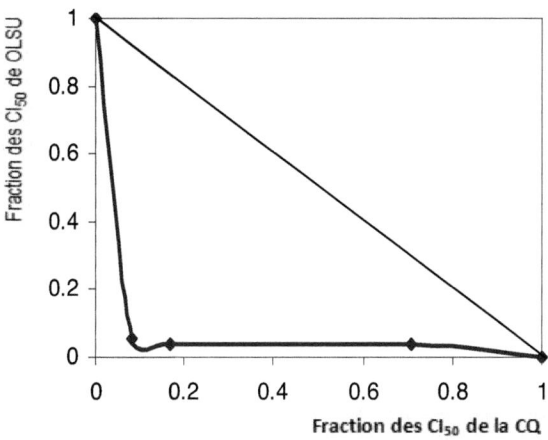

Fig. 18 : Interaction CQ- Extrait C de OLSU sur l'isolat SM

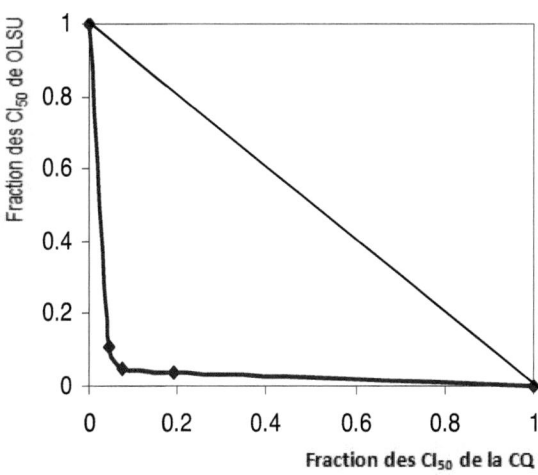

Fig. 19 : Interaction CQ- Extrait C de OLSU sur l'isolat AM

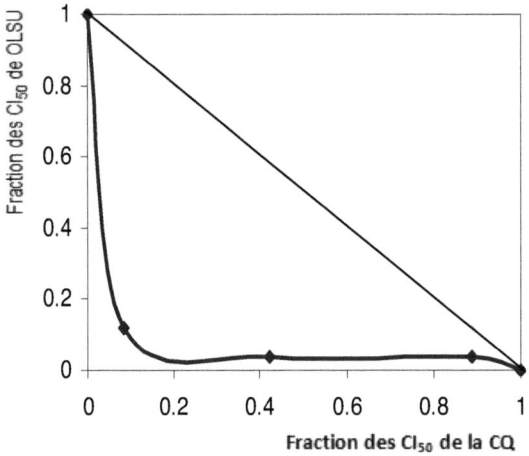

Fig. 20 : Interaction CQ- Extrait C de OLSU sur l'isolat TM

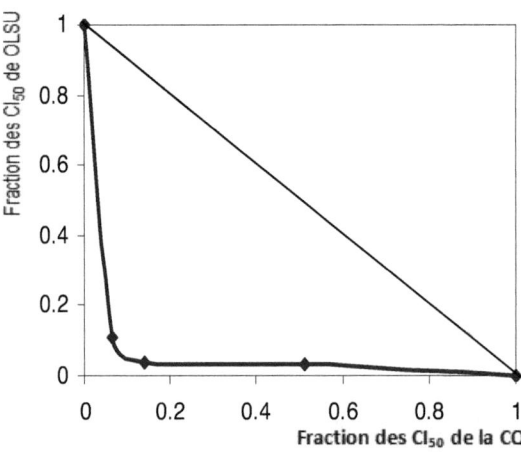

Fig. 21 : Interaction CQ- Extrait C de OLSU sur l'isolat KM

6.2 Association chloroquine/extrait C de OLSU sur les isolats chloroquino-sensibles

Sur les isolats chloroquino-sensibles (IS IM ; IS LF), les CI_{50} de la chloroquine associées aux différentes concentrations de l'extrait C de OLSU sont pratiquement identiques à celles (CI_{50}) obtenues lorsque la chloroquine était utilisée seule (Tableau XIII). Tous les AEI calculés étaient voisins de 1.

Les isobologrammes résultant de ces observations se traduisaient par des courbes qui se rapprochaient de la diagonale (Figures 22 et 23).

Tableau XIII : Activité *in vitro* de la chloroquine associée à l'extrait C de OLSU sur des isolats de *P. falciparum* chloroquino-sensibles

Activité sur le Plasmodium / Composés	Activité de la chloroquine (CQ) en nM (n =3)					
	Isolat IM			Isolat LF		
	CI_{50}	CI_{90}	AEI	CI_{50}	CI_{90}	AEI
Chloroquine (CQ) seule	31,25	350	--	22,65	162,5	--
CQ + 6 µg/ml de OLSU	30,75	348	1,01	15,62	160	1,01
CQ + 12 µg/ml de OLSU	30,50	346	1,01	14,58	161	1,01
CQ + 30 µg/ml de OLSU	29,75	348	1,01	9,37	158,5	1,03

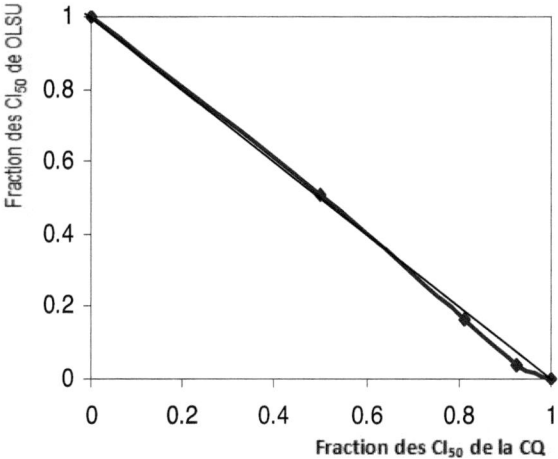

Fig. 22 : Interaction CQ- Extrait C de OLSU sur l'isolat IM

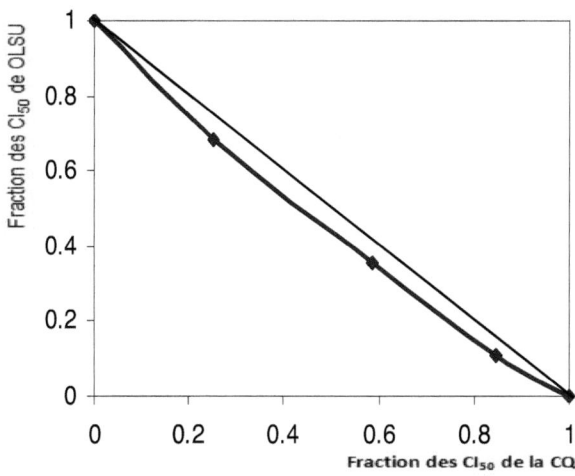

Fig. 23 : Interaction CQ- Extrait C de OLSU sur l'isolat LF

DISCUSSION ET CONCLUSION

1 DISCUSSION

1.1 Rôle de la nature du sérum humain sur la croissance des souches de *P. falciparum*

Nous avons mis en culture les souches FCB1, PFB et K1 en présence des deux types de sérum. A l'analyse d'une comparaison faite des résultats obtenus avec le SND (77% pour FCB1, 70% pour PFB et 80% pour K1) et ceux du sérum décomplémenté qui a servi de référence (83% pour FCB1, 75% pour PFB et 90%), il ressort que le sérum non décomplémenté ne présente pas de risque d'inhibition de la maturation des plasmodies en culture *in vitro*. En effet, le taux référentiel de croissance des jeunes trophozoïtes en schizontes (20%) indiqué par l'OMS (Schlichtherle *et al.*, 2000) pour valider un test de chimiosensibilité et déterminer ensuite l'activité antiplasmodiale d'une substance a été atteint. Le SND a permis d'obtenir des résultats aussi satisfaisants que le SR utilisé jusqu'alors au cours de l'évaluation *in vitro* de la chimiosensibilité des souches de *P. falciparum*. De plus, pour chaque souche plasmodiale, la différence des taux de maturation observée entre les deux sérums n'est pas statistiquement significative ($\chi^2 < 3,84$). L'intérêt de cette étape de l'étude était de vérifier par la suite avec l'incorporation du SND au milieu de culture la sensibilité des souches vis à vis des antipaludiques (chloroquine et pyriméthamine) pour lesquels elles ont déjà été caractérisées. Les résultats obtenus ont montré que les souches chloroquino-résistantes (FCB1, K1, PFB) l'ont été avec les deux types de sérum (SR et SND) ; il en allait de même de la souche pyriméthamino-résistante (K1) et des souches pyriméthamino-sensibles (FCB1 et PFB). En conséquence, les deux types de sérums peuvent donc être utilisés dans les tests de chimiosensibilité *in vitro*. Si certains auteurs ont démontré le rôle déterminant des anticorps antiplasmodiaux dans l'immunité contre les formes sanguines asexuées de *P. falciparum* (Danis, 1991), de nombreux travaux ont tenté de déterminer le mode d'action de ces anticorps (Bruce-Chwatt *et al.*, 1984). Il a été mis en évidence à la surface des globules rouges parasités par *P. falciparum*, un antigène spécifique appelé antigène HRP2 (Histidine Rich Protein 2) (Pieroni *et al.*, 1998 ; Martet et Peyron, 2000 ; Kifude *et al.*, 2008 ; Kyabayinze *et al.*, 2008) qui est une glycoprotéine avec le galactose comme sucre. La reconnaissance de cette protéine par les anticorps antiplasmodiaux permet de former un complexe qui exerce une action destructrice sur le *Plasmodium* à l'intérieur du globule rouge. Heureusement, la série de lavage (trois fois) effectué, suivie de centrifugations puis de l'élimination de la couche leuco-plaquettaire avant la mise en culture des parasites, a eu pour but d'éliminer ou modifier la structure des protéines HRP2 présentes à la surface des hématies parasitées et nécessaires à la fixation des anticorps et à la formation du complexe anticorps-anti-HRP2. A la fin de ce lavage, nous obtenons donc des globules rouges dépourvus ou faiblement pourvus de protéines HRP2; dès lors le *Plasmodium* peut subir une maturation par division mitotique de son noyau et atteindre le stade schizontes (stade à plusieurs noyaux).

Ces résultats sont en accord avec ceux obtenus par Djaman *et al.* (2002), qui ont obtenu des résultats similaires avec des isolats de la nature et une même sensibilité avec la chloroquine.

L'utilisation du SND additionné au RPMI est de permettre aux laboratoires du sud avec les moyens dont ils disposent de réaliser une surveillance des souches de *P. falciparum* circulant dans une région donnée. Il permettra de mesurer la sensibilité de ces souches par rapport aux antipaludiques usuels et permettra ainsi le criblage systématique de nouvelles substances antipaludiques comme celles issues de la pharmacopée traditionnelle africaine (O'Neil *et al.*, 1986 ; Phillipson et O'Neil, 1986). De plus l'utilisation du SND pourrait, comme d'autres techniques, améliorer le maintien en culture des isolats et des souches de *P. falciparum* afin de produire plus de matériels parasitaires (Read et Hyde, 1988 ; Schuster, 2002). Le SND se présente alors comme une alternative pour la réalisation de tests *in vitro* compte tenu des difficultés que rencontrent nos laboratoires pour l'achat de matériel biologique trop coûteux.

Actuellement, d'autres études envisagent l'utilisation de sérum animal pour remplacer le sérum humain dont l'obtention devient de plus en plus difficile (Basco, 2003 ; Basco 2004). Les travaux de Mazier *et al.* (1984) et de Andrianantenaina *et al.* (2002) ont montré la capacité nourricière *in vitro* des hépatocytes vis-à-vis de *P. falciparum* et l'effet du surnagent obtenu à partir des cultures primaires de cellules hépatiques de souris sur la prolifération des isolats de *P. falciparum* en culture *in vitro* respectivement.

1.2 Relation entre la densité parasitaire initiale et l'expression du phénotype des isolats à la chloroquine

Les résultats de cette étude ont montré que l'expression du phénotype d'un isolat à la chloroquine n'était pas liée à la densité parasitaire initiale de celui-ci. En effet, l'isolat TM avec une parasitémie initiale de 4000 Grp/μl de sang était de phénotype résistant alors que l'isolat IB avec une parasitémie initiale de 130000 Grp/μl de sang avait un phénotype sensible à la chloroquine.

Nous pouvons à la lumière des ces résultats et ceux des auteurs ayant travaillés sur la relation entre densité parasitaire initiale et symptômes cliniques (Touze *et al.*, 1989 ;

Guiguemdé et al., 1992 ; Djadou et al., 2007 ; Djaman et al., 2007 ; Bla et al., 2008) que ni la résistance du Plasmodium, ni les symptômes cliniques et biologiques ne sont liés à la densité parasitaire initiale.

Dans cette étude, il faut noter que le plus grand nombre d'isolats résistants à la chloroquine provenaient d'isolats à forte densité parasitaire initiale (supérieure à 8000 Grp/μl). Il est important de préciser que les huit isolats de cette étude provenaient de sujets atteints de paludisme non compliqué et non des porteurs asymptomatiques. Toutefois, étant donné que le test *in vitro* ne donne qu'une réponse globale de la population parasitaire prélevée et mise en culture, si la fraction de la population résistante (R) est de faible proportion, elle peut être méconnue, alors qu'elle pourrait être à la base d'une rechute chez le sujet malade (Charmot et Rodhain, 1982).

1.3 Activité antiplasmodiale de OLSU et de BGG

Cette étude a montré que les extraits éthanoliques de OLSU et BGG possèdent une activité sur les souches résistantes et sensibles. Cette action antiplasmodiale pourrait justifier l'utilisation traditionnelle de ces plantes dans le traitement des fièvres et/ou du paludisme. Le fractionnement des extraits éthanoliques a permis de séparer des groupes de molécules possédant une meilleure activité schizonticide sur les souches de *P. falciparum*. Ainsi, l'extrait acétatique de OLSU et de BGG est celle ayant une meilleure activité antiplasmodiale sur les souches de laboratoire et les isolats de la nature.

L'activité intrinsèque de OLSU et de BGG sur les isolats de la nature est pratiquement pareille à celle obtenue sur les souches. Ceci prouve que les isolats (fraîchement récoltés) comme les souches de laboratoire peuvent être utilisés pour déterminer l'activité schizonticide de n'importe quelque antipaludique. Même si différents laboratoires travaillant sur des modèles *in vitro* utilisent des souches de *P. falciparum* caractérisées pour documenter la résistance et la virulence des parasites (Dessens et al., 1985), l'utilisation des isolats cliniques est un avantage pour les laboratoires de recherche des pays africains, car la conservation et l'entretien de souches de laboratoire nécessitent un appareillage très coûteux.

Une ou plusieurs molécules contenues dans l'extrait d'acétate d'éthyle de OLSU et de BGG, pourraient être à la base de leur activité antiplasmodiale. Dès lors, il est possible qu'une série de fractionnement de la fraction acétatique de ces deux substances permette d'obtenir une activité antiplasmodiale améliorée.

Tout comme l'artémisinine, issue de la pharmacopée chinoise, l'extrait d'acétate d'éthyle de OLSU et de BGG pourrait apporter une contribution importante à la découverte de nouveaux médicaments antipaludiques efficaces et accessibles.

1.4 Potentialisation de la chloroquine

Si l'efficacité sélective de la chloroquine est liée à la concentration élevée atteinte dans les érythrocytes parasités par rapport aux érythrocytes non parasités, la chloroquinorésistance, elle est étroitement liée à la diminution de son accumulation à l'intérieur des érythrocytes parasités par *P. falciparum* résistant (Fitch, 1970 ; Verdier *et al.*, 1 985). Le phénomène d'efflux de la chloroquine serait lié à des mutations ponctuelles au niveau des gènes *pfcrt* (*P. falciparum* chloroquine resistance transporter) situé sur le chromosome 7 dont le produit d'expression est une protéine transmembranaire localisée dans la membrane digestive de la vacuole du parasite (Mayor *et al.*, 2001 ; Wellems et Plowe, 2001).

1.4.1 Interaction chloroquine extrait C de OLSU sur *P. falciparum*

Les résultats obtenus sur le *Plasmodium* résistant, nous amènent à poser deux hypothèses. Premièrement, la fraction d'acétate d'éthyle de OLSU pourrait agir très probablement sur le site d'action de la chloroquine et favoriser son accumulation à l'intérieur de la vacuole en amoindrissant son refoulement. L'ensemble des composés contenus dans cet extrait de OLSU permettrait donc d'élever la quantité de la chloroquine à une concentration létale pour le *Plasmodium*. Une fois accumulée, cette amino-4-quinoléine retrouve son activité antiplasmodiale d'antan. Deuxièmement, l'extrait acétatique de OLSU pourrait renforcer l'action schizonticide de la chloroquine malgré qu'une partie de celle-ci soit refoulée hors de la vacuole digestive.

L'action de l'association chloroquine-extrait C de OLSU, sur la souche chloroquinosensible F32, a donné un isobologramme qui ne correspond pas au schéma d'une interaction additive, la courbe suit la ligne diagonale liant les deux points unités. La CI_{50} de l'association chloroquine-extrait C de OLSU n'a pas augmenté le pouvoir schizonticide de la chloroquine même en présence d'une concentration fixe de l'extrait C de OLSU supérieure à la CI_{50} de l'activité intrinsèque de cette dernière.

Les CI_{50} des isolats chloroquinosensibles (IS IM et IS LF) n'ont pas été modifiées non plus, lors de l'association chloroquine-extrait C de OLSU.

Ce manque total de potentialisation de la chloroquine par l'extrait C de OLSU sur la souche et les deux isolats chloroquino-sensibles ont amené à clarifier le rôle de OLSU sur *P. falciparum* chloroquino-résistant. L'hypothèse actuelle de la chloroquinorésistance est basée sur l'efflux de la chloroquine hors de l'hématie parasitée. La réversion de cette résistance est donc fondée sur le blocage de cet efflux. Si l'on peut supposer que le mode d'action des « agents potentialisateurs » sur *P. falciparum* (action lysosomotropique, liaison aux canaux calciques, inhibition des enzymes, éventuellement) et le mécanisme de réversion de la résistance (liaison au P-glycoprotéine) sont indépendantes l'un de l'autre, on ne peut plus parler de vraie « potentialisation » de la chloroquine par OLSU.

Par définition, la potentialisation concerne l'augmentation mutuelle du même effet exercé par deux composés. Il s'agirait plutôt d'un blocage de l'efflux de la chloroquine sans réellement augmenter l'effet schizonticide de la chloroquine. C'est pour quoi en absence d'efflux de la chloroquine il n'y pas de baisse significative de CI_{50} lors de l'association chloroquine-extrait C de OLSU sur *P. falciparum* chloroquino-sensible. En d'autres termes, l'extrait de OLSU restaure l'efficacité de la chloroquine sur *P. falciparum* résistant.

Une analogie lointaine mais utile est l'association de la pénicilline à l'acide clavulanique ou au sulbactam qui, par un mécanisme complètement différent des bloqueurs de la P-glycoprotéine, se lie fortement aux β-lactamases pour protéger la pénicilline d'une dégradation enzymatique (Brogden *et al*., 1981).

Ces résultats ont amenés à calculer l'AEI, afin de pouvoir quantifier et comparer l'effet de blocage de l'efflux par l'extrait acétatique de OLSU. Ainsi, la concentration 12 µg/ml de la fraction d'acétate d'éthyle de OLSU est la plus petite concentration qui, sur tous les souches résistantes étudiées, permet de bloquer l'efflux de la chloroquine avec un AEI moyenne égal à 2,3.

Des résultats semblables ont été obtenus avec les isolats de la nature où la CI_{50} moyenne de 205,5 nM des isolats IS TA, IS AO, IS SM, IS AM, IS TM et IS KM est passée à 41,58 et 15,20 nM en présence de 12 et 30 µg/ml de l'extrait C de OLSU ajouté à la chloroquine. Comme sur les souches, la concentration de 12 µg/ml est la plus petite concentration qui permet de reverser la chloroquinorésistance avec un AEI de 2,7.

1.4.2 Interaction chloroquine fraction C de BGG sur *P. falciparum*

Contrairement à l'association chloroquine-extrait C de OLSU, l'association chloroquine-extrait C de BGG sur les souches de laboratoire a permis d'obtenir une augmentation de la CI_{50} de la chloroquine. Cette CI_{50} a été multipliée par 2 et par 9 respectivement sur les souches FCB1 et PFB lorsque nous avons ajouté 6 μg/ml de BGG à la chloroquine. Cette perte d'activité de la chloroquine lors de son association avec l'extrait C de bgg a été observée aussi avec la souche sensible F32 où la CI_{50} est passée de 39,75 à 65,25 nM après avoir associé 6 μg/ml de bgg à la chloroquine, soit une augmentation de la CI_{50} de 1,6.

En se basant sur la même l'hypothèse sur l'efflux de la chloroquine hors de la vacuole digestive de *P. falciparum* résistant, deux hypothèses peuvent être émises. Premièrement l'extrait C de BGG pourrait favoriser une sortie plus rapide de la chloroquine de la vacuole digestive ou deuxièmement empêcher la chloroquine d'atteindre sont site d'action aussi bien chez *P. falciparum* résistant que sensible, d'où la diminution de l'activité de la chloroquine sur F32 (*P. falciparum* normalement sensible à la chloroquine).

L'extrait C de bgg est donc un composé antagoniste de l'action de la chloroquine sur *P. falciparum* en culture *in vitro*.

La suppression mutuelle des activités observée lors des tests de chimiosensibilité a été traduite par des isobologrammes avec des courbes au dessus de la diagonale pour les souches de laboratoire.

Les valeurs des AEI sur les quatre souches plasmodiales étaient toutes inférieures à 1, confirmant ainsi l'antagonisme entre les deux composés.

Ces résultats obtenus lors des tests de potentialisations de la chloroquine ont amené à deux remarques. Premièrement, le pouvoir potentialisateur de la chloroquine d'une substance n'est pas forcement lié à son action schizonticide. En effet l'extrait C de BGG qui avait la meilleure activité *in vitro* s'est révélé être un antagoniste de la chloroquine. Par contre l'extrait C de OLSU qui avait une activité cinq (5) fois inférieure à celle de BGG a été un bon potentialisateur de la chloroquine.

Deuxièmement, la réversion de la chloroquinorésistance n'est pas un phénomène propre aux souches de laboratoire. Sur des isolats de la nature, le choix d'un bon agent "potentialisateur" naturel redonnerait à la chloroquine son action schizonticide sur *P. falciparum* permettant ainsi de lutter plus efficacement contre le paludisme résistant dans les pays en voie de développement.

2 CONCLUSION

Cette étude a montré qu'il était possible pour le maintien en culture continue des souches de références ou isolats de la "nature" d'utiliser le sérum non décomplémenté prélevé sur un individu non paludéen vivant dans une région où le paludisme sévit.

Ces travaux ont permis de savoir que la résistance des isolats à la chloroquine n'était pas liée à leur densité parasitaire initiale.

Ces travaux ont mis en évidence l'efficacité *in vitro* de la fraction acétatique de *Olax subscorpioidea* (OLSU) et *Morinda morindoides* (BGG) sur des souches et isolats chloroquino-résistants. La mise en évidence de la fraction acétatique de ces plantes apporte une alternative efficace et économique au problème de la résistance du *Plasmodium falciparum* vis-à-vis de la chloroquine.

Elle a aussi permis de montrer que la fraction acétatique de OLSU possède un effet potentialisateur de la chloroquine sur les souches et isolats résistants. Cette fraction se présente comme un futur adjuvant de la chloroquine pour lever la résistance du parasite responsable du paludisme.

Dans le but de développer une meilleure formulation et posologie des antipaludiques à bases de plantes, une collaboration devrait être développée entre les garants du savoir ancestral et les différents laboratoires de recherche (O'Neil et *al.*,1986). C'est à ce prix que nous pouvons tendre vers les médicaments traditionnels améliorés.

REFERENCES BIBLIOGRAPHIQUES

1. ABDULLA S., OBERHOLZER R., JUMA O., KUBHOJA S., MACHERA F., MEMBI C., OMARI S., URASSA A., MSHINDA H., JUMANNE A., SALIM N., SHOMARI M., AEBI T., SCHELLENBERG D.M., CARTER T., VILLAFANA T., DEMOITIE M.A., DUBOIS M.C., LEACH A., LIEVENS M., VEKEMANS J., COHEN J., BALLOU W.R., TANNER M. (2008).
Safety and immunogenicity of RTS,S/AS02D malaria vaccine in infants. *N Engl J Med*, 359 : 2533-2544.

2. ADEREM A., ULEVITCH R.J. (2000).
Toll-like receptor in the induction of the innate immune response. *Nature*, 406 : 782-787.

3. ADJANOHOUN E., AHIYI M.R.A., *AKE* ASSI L., DRAMANFi K., ELEWUDEJ.A.,FADOJUS.O., GBILEZ.O.,GOUDOTEE., JOHNSON C.L.A., KEITAA., MORAKINYOO., OEWOLEJ.A.O., OLATUNJIA.O., SOFOWORAE.A. (1991).
Contribution to ethnobotanical and floristic studies in Western Nigeria, Cstr/Oua, 420p.

4. ADJANOHOUN E., AKE ASSI L. (1979).
Contribution au recensement des plantes médicinales de Côte d'Ivoire. Centre national de floristique, Université d'Abidjan, 358p.

5. ADJUIK M., BABIKER A., GARNER P., OLLIARO P., TAYLOR W., WHITE N., INTERNATIONAL ARTEMISININ STUDY GROUP. (2004).
Artesunate combinations for treatment of malaria: meta-analysis. *Lancet*, 363 : 9-17.

6. ADOVELANDE J., DELEZE J., SCHREVEL J. (1998).
Synergy between two calcium channel blockers, verapamil and fantofarone (SR33557), in reversing chloroquine resistance in *Plasmodium falciparum*. *Biochem Pharmacol*, 55 : 433–440.

7. AGBENYEGA T., ANGUS B.J., BEDU-ADDO G., BAFFOE-BONNIE B., GUYTON T., STACPOOLE P.W., KRISHNA S. (2000).
Glucose and lactate kinetics in children with severe malaria. *J Clin Endocrinol Metab*, 85 : 1569–1576.

8. AMBROISE-THOMAS P. (2004).
   Génomique, biologie moléculaire et paludisme : quelles avancées médicales ? *Bull Soc Pathol Exot*, 97 : 155 -160.

9. AMBROISE-THOMAS P., PINEL C., PELLOUX H., PICOT S. (1993).
   Le diagnostic du paludisme : actualités et perspectives. *Cahiers Santé*, 3 : 280-284.

10. ANADA A., PURI P. (2005).
    Jaundice in malaria, *J Gastro Hepato Enterol*, 20: 1322-1332.

11. ANDRIANANTENAINA H.B., RANDRIANARIVELOJOSIA M., JAMBOU R. (2002).
    Effet du surnageant de culture primaire d'hépatocytes de souris sur la prolifération *in vitro* des isolats sauvages de Plasmodium falciparum. *Arch Inst Pasteur de Madagascar*, 68 : 68-72.

12. ANG K.K., HOLMES M.J., HIGA T., HAMANN M.T., KARA U.A. (2000).
    In vivo antimalarial activity of the beta-carboline alkaloid manzamine A. *Antimicrob Agents Chemother*, 44 : 1645-1649.

13. ANG K.K., HOLMES M.J., KARA U.A. (2001).
    Immune-mediated parasite clearance in mice infected with Plasmodium berghei following treatment with manzamine A. *Parasitol Res*, 87 : 715-721.

14. APONTE J.J., AIDE P., RENOM M., MANDOMANDO I., BASSAT Q., SACARLAL J., MANACA M.N., LAFUENTE S., BARBOSA A., LEACH A., LIEVENS M., VEKEMANS J., SIGAUQUE B., DUBOIS M.C., DEMOITIÉ M.A., SILLMAN M., SAVARESE B., MCNEIL J.G., MACETE E., BALLOU W.R., COHEN J., ALONSO P.L. (2007).
    Safety of the RTS,S/AS02D candidate malaria vaccine in infants living in a highly endemic area of Mozambique: a double blind randomised controlled phase I/IIb trial. *Lancet*, 370 : 1543-51.

15. ARTAVANIS-TSAKONAS K., TONGREN J.E., RILLEY E.M. (2003).
    The war between the malaria parasite and the immune system : immunity, immunoregulation and immunopathology. *Clin Exp Immunol*, 133 : 145-152.

16. ASHTON M., NGUYEN D.S., NGUYEN V.H., GORDI T., TRINH N.H., DINH X.H., NGUYEN T.N., LE D.C. (1998).

Artemisinin kinetics and dynamics during oral and rectal treatment of uncomplicated malaria. *Clin Pharmacol Ther*, 63 : 482-93.

17. AYANDELE A.A., ADEBIYI A.O. (2007).

The phytochemical analysis and antimicrobial screening of extracts of *Olax subscorpioidea*. *Afr J Biotechnol*, 6: 868-870.

18. BAGGISH A.L., HILL D.R. (2002).

Antiparasitic agent atovaquone. *Antimicrob Agents Chemother*, 46 : 1163-1173.

19. BAGRE I., BAHI C., GNAHOUE, DJAMAN A.J., GUEDE-GUINA F. (2007).

Composition phytochimique et évaluation *in vitro* de l'activité antifongique des feuilles de *Morinda morindoides* (BAKER) Milne-redh (*rubiaceae*) sur *Aspergillus fumigatus* et *Candidat albicans*. J sci pharm Biol, 8 : 15-23.

20. BAGRE I., BAHI C., KIPRE G.R., DJAMAN A.J., ZIRIHI G., KRA A.K.M., GUEDE-GUINA F. (2008).

Evalution de l'activité antifongique de *Morinda morindoides* (Baker) Milne-Redh (Rubiaceae) sur la croissance in vitro de Aspergillus fumigatus. Rev Med Pharm Afr, 21 : 19-25.

21. BAHI C., DJAMAN A.J., N'GUESSAN J.D., TREBISSOU J.N.D., GUEDE-GUINA F. (2003)

Effet de la fraction chromatographique d'un extrait aqueux de *Morinda morindoides* (Bak.) Milne-Redl (Rubiaceae) et *Mareya micranta* (Benth.) Müll. Arg (Euphorbiaceae) sur l'activité de l'acétylcholinestérase de lapin. *J S P B*, 4 : 36-43.

22. BAHI C., N'GUESSAN D., GUEDE-GUINA F. (2000).

Mise en évidence d'une action myorelaxante et cholinolytique de BITTER GG (*Morinda morindoides*), un anti diarrhéique de source végétale. *Af biomed*, **5** : 11-18.

23. BARNADAS C., TICHIT M., BOUCHIER C., RATSIMBASOA A., RANDRIANASOLO L., RAHERINJAFY R., JAHEVITRA M., PICOT STÉPHANE, M. D. (2008).

Plasmodium vivax dhfr and dhps mutations in isolates from Madagascar and therapeutic response to sulphadoxine-pyrimethamne. *Malaria Journal*, 7 : 35-45.

24. BARNES K.I., WHITE N.J. (2005).

Population biology and antimalarial resistance: the transmission of antimalarial drug resistance in *Plasmodium falciparum*. *Acta Trop*, 94: 230-240.

25. BARNWELL J.W. (2001).

Hepatic kupffer cells: the portal that permits infection of hepatocytes by malarial sporozoites ? *Hepatology*, 33 : 1331-1333.

26. BASCO L.K. (1996).

Plasmodium sp. Humains : Recherche d'antipaludiques nouveaux et étude des chimiorésistances au niveau moléculaire : Thèse de Doctorat en Parasitologie de l'Université René Descartes de Paris : Série Pharmacie, 491p.

27. BASCO K.L. (2003).

Molecular epidemiology of malaria in Cameroon.xv. Experimental studies on serum substitutes and supplements and alternative culture media for *in vitro* drug sensitivity assays using fresh isolates of *plasmodium falciparum*. . *Am J Trop Med Hyg*, 69 :   168–173.

28. BASCO K.L. (2004).

Molecular epidemiology of malaria in Cameroon. xx. Experimental studies on various factors of *in vitro* drug sensitivity assays using fresh isolates of *plasmodium falciparum*. *Am J Trop Med Hyg*, 70 : 474–480.

29. BASCO L.K., ELDIN DE PECOULAS P., WILSON C.M., LE BRAS J., MAZABRAUD A. (1995).

Point mutations in the dihydrofolate reductase-thymidylate synthase gene and pyrimethamne and cycloguanil resistance in *Plasmodium falciparum*. *Mol Biochem Parasitol*, 69 : 135-138.

30. BASCO L.K., GILLOTIN C., GIMENEZ F., FARINOTTI R., LE BRAS J. (1991).

Absence of antimalarial activity or interaction with mefloquine enantiomers in vitro of the main human metabolite of mefloquine. *Trans R Soc Trop Med Hyg*, 85 : 208-209.

31. BASCO L.K., LE BRAS J. (1990).
Desipramne or cyproheptadine for reversing chloroquine resistance. *Lancet*, 335:422.

32. BASCO L.K., NDOUNGA M., NGANE V.F., SOULA G. (2002).
Molecular epidemiology of malaria in Cameroon. XIV. *Plasmodium falciparum* chloroquine resistance transporter (PFCRT) gene sequences of isolates before and after chloroquine treatment. *Am J Trop Med Hyg*, 67 : 392-395.

33. BASCO L.K., RINGWALD P. (2000).
Chimiorésistance du paludisme : problèmes de la définition et de l'approche technique. *Cahiers Santé*, 10 : 47-50.

34. BASCO L.K., RINGWALD P. (2001).
Analysis of the key *pfcrt* point mutation and *in vitro* and *in vivo* response to chloroquine in Yaoundé, Cameroon. *J Infect Dis*, 183 : 1828-1831.

35. BASCO L.K., RINGWALD P., LE BRAS J. (1991).
Chloroquine potentiating action of antihistamnics in *Plasmodium falciparum in vitro*. *Ann Trop Med Parasitol*, 85 : 223–228.

36. BASCO L.K., RUGGERI C., LE BRAS J. (1994).
Molécules antipaludiques, mécanismes d'action, mécanismes de résistance, relations structure-activité des schizonticides sanguins. Paris : Masson, 364p.

37. BASCO L.K, SAME-EKOBO A., RINGWALD P. (1999).
Le nouveau test de chimiosensibilité *in vivo* pour le paludisme : test de l'efficacité thérapeutique. *Bull Liais Doc OCEAC*, 32 : 14-20.

38. BASQUE J, MARTEL M, LEDUC R, CANTIN AM. (2008).
Lysosomotropic drugs inhibit maturation of transformng growth factor-beta. *Can J Physiol Pharmacol*, 86 : 606-612.

39. BAUDON D. (1999).
New prophylactic treatments against malaria : doxycycline and atovaquone-proguanil. *Med Mal Infect*, 29 : 413s-424s.

40. BERTIN G, NDAM NT, JAFARI-GUEMOURI S, FIEVET N, RENART E, SOW S, LE HESRAN JY, DELORON P. (2005).
High prevalence of *Plasmodium falciparum* pfcrt K76T mutation in pregnant women taking chloroquine prophylaxis in Senegal. *J Antimicrob Chemother*, 55 : 788-791.

41. BICKII J., NJIFUTIE N., FOYERE J.A., BASCO L.K., RINGWALD P. (2000).
In vitro antimalarial activity of limonoids from Khaya grandifoliola CDC (Meliaceae). *J Ethnopharmacol*, 69 : 27-33.

42. BIENVENU T., MEUNIER C., BOUSQUET S., CHIRON S., RICHARD L., GAUTHERET-DEJEAN A., ROUSELLE J.F., FELDMANN D. (1999).
Different procedures for the isolation of DNA from blood samples. *Ann Biol Clin (Paris)*, 57 : 77-84.

43. BISWAS S. (2001).
Plasmodium falciparum dihydrofolate reductase Val-16 and Thr-108 mutation associated with in vivo resistance to antifolate drug: a case study. *Indian J Malariol*, 38 : 76-83.

44. BISWAS S., ESCALANTE A., CHAIRYAROJ A., ANGKASEKWINAI P., LAL A.A. (2000).
Prevalence of point mutations in the dihydrofolate reductase and dihydropteroate synthetase gene of *Plasmodium falciparum* isolates from India and Thailand : a molecular epidemiologic study. *Trop Med Int Health*, 5 : 737-743.

45. BITONI A.J., SJOERDSMA A., MCCANN P.P., KYLE D.E., ODUOLA A.M.J., ROSSAN R.N., MILHOUS W.K., DAVIDSON D.E. JR. (1998).
Reversal of chloroquine resistance in malaria parasite *Plasmodium falciparum* by desipramne. *Science*, 242 : 1301-1303.

46. BLA K.B., YAVO W., OUATTARA L., BASCO L., DJAMAN A.J. (2008).
Influence of the asexual parasite biomass on *in vitro* susceptibility of *Plasmodium falciparum* to antimalarial drugs in Abidjan. *Afr J Biotechnol*, 7 : 936-940.

47. BLANC F. (1980).
Histoire des maladies exotiques. Histoire de la Médecine, de la Pharmacie, de l'Art dentaire et de l'Art vétérinaire : 7, 217p.

48. BLANCHY S., RAKOTONJANABELO A., RANAIVOSON G. (1993).
Surveillance épidémiologique du paludisme instable. *Cahiers Santé*, 3 : 247-255.

49. BOHLE D.S., DINNEBIER R.E., MADSEN S.K. AND STEPHENS P.W. (1997).
Characterization of the products of the heme detoxification pathway in malarial late trophozoites by X-ray diffraction. *J Biol Chem,* 272 : 713-716.

50. BOJANG K.A. (2006).
RTS,S/AS02A for malaria. *Expert Rev Vaccines*, 5 : 611-615.

51. BOJANG K.A., OLODUDE F., PINDER M., OFORI-ANYINAM O., VIGNERON L., FITZPATRICK S., NJIE F., KASSANGA A., LEACH A., MILMAN J., RABINOVICH R., MCADAM K.P., KESTER K.E., HEPPNER D.G., COHEN J.D., TORNIEPORTH N., MILLIGAN P.J. (2005).
Safety and immunogenicty of RTS,S/AS02A candidate malaria vaccine in Gambian children. *Vaccine*, 23 : 4148-4157.

52. BOLGER G.T., GENGO P.J., KLOCKOWSKI R., LUCHOWSKI E., SIEGEL H., JANIS R.A., TRIGGLE A.M., TRIGGLE D.J. (1983).
Characterization of binding of Ca++ channel antagonist, [3H]nitendipine, to guinea-pig ileal smooth muscle. *J Pharmac Exp Ther*, 225 : 291-301.

53. BOUQUET A., DEBRAY M. (1974).
Plantes médicinales de la Côte d'Ivoire, tableaux et documents de l'ORSTOM n°32, ORSTOM, Paris, 131p.

54. BOURGEADE A., DELMONT J. (1998).
On the proper use of available anti-malarial drugs in France. *Bull Soc Path Exot*, 91 : 493-496.

55. BOWMAN S., LAWSON D., BASHAM D., BROWN D., CHILLINGWORTH T., CHURCHER C.M., CRAIG A., DAVIES R.M., DEVLIN K., FELTWELL T.,

GENTLES S., GWILLIAM R., HAMLIN N., HARRIS D., HOLROYD S., HORNSBY T., HORROCKS P., JAGELS K., JASSAL B., KYES S., MCLEAN, J., MOULE S., MUNGALL K., MURPHY L., OLIVER K., QUAIL M.A., RAJANDREAM M.A., RUTTER S., SKELTON J., SQUARES R., SQUARES S., SULSTON J.E., WHITEHEAD S., WOODWARD J.R., NEWBOLD C., BARRELL, B.G. (1999).

The complete nucleotide sequence of chromosome 3 of *Plasmodium falciparum*. *Nature*, 400 : 532-538.

56. BRAY P. G., JANNEH O., WARD S. A. (1999).

Chloroquine uptake and activity is determined by binding to ferriprotoporphyrin IX in Plasmodium falciparum. *Novartis Found Symp*, 226: 252-260.

57. BRAY P.G., MUNGTHIN M, RIDLEY R.G., WARD S.A. (1998).

Access to hematin: the basis of chloroquine resistance. *Mol Pharmacol*, 54 : 170-179.

58. BRAY P.G., MUNGTHIN M., HASTINGS I.M., BIAGINI G.A., SAIDU D.K., LAKSHMANAN V., JOHNSON D.J., HUGHES R.H., STOCKS P.A., O'NEILL P.M., FIDOCK D.A., WARHURST D.C., WARD S.A. (2006).

PFCRT and the trans-vacuolar proton electrochemical gradient: regulating the access of chloroquine to ferriprotoporphyrin IX. *Mol Microbiol*, 62 : 238-251.

59. BREMAN J.G., ALILIO M.S., MILLS A. (2004).

Conquering the intolerable burden of malaria: what's new, what's needed: a summary. *Am J Trop Med Hyg*, 71(2 Suppl) : 1-15.

60. BRETELER J.F., BAAS P., BOESEWINKEL F. D., BOUMAN F., LOBREAU-CALLEN D. (1996).

Engomegoma Breteler (Olacaceae) a new monotypic genus from Gabon. *Botanische Jahrbu¨cher fu¨r Systematik, Pflanzengeschichte und Pflanzengeographie*, 118: 113–132.

61. BRICAIRE F., DANIS M., GENTILINI M. (1993).

Paludisme et grossesse. *Cahiers Santé*, 3 : 289-292.

62. BROGDEN R.N., CARMNE A., HEEL R.C., MORLEY P.A., SPEIGHT T.M., AVERY G.S. (1981).
Amoxycillin/clavulanic acid: a review of its antibacterial activity, pharmacokinetics and therapeutic use. *Drugs*, 22 : 337-362.

63. BRONNER U., DIVIS C.S., FARNERT A. SINGH B. (2009).
Swedish traveller with *Plasmodium knowlesi* malaria after visiting Malaysian Borneo. *Malar J*, 8 : 15-20.

64. BROOKS D.R., WANG P., READ M., WATKINS W.M., SIMS P F G., HYDE J.E. (1994).
Sequence variation of hydroxymethyldihydropterin pyrophosphokinase : dihydropteroate synthase gene in lines of the human malaria parasites, *Plasmodium falciparum*, with differing resistance to sulfadoxine. *Eur J Biochem*, 224 : 397-405.

65. BRUCE M.C., DAY K.P. (2003).
Cross-species regulation of *Plasmodium* parasitemia in semi-immune children from Papua New Guinea. *Trends Parasitol*, 19 : 271-277.

66. BRUCE-CHWATT L.J. (1984)
Three hundred and fifty years of the Peruvian fever bark. *BMJ* , 296 : 1486-1487.

67. BRUCE-CHWATT L.J., BLACK R.H., CANFIELD D.F., CLYDE D.F., PETERS W., WERNSDORFER W.H. (1984).
Chimiothérapie du paludisme : Génève : 2ème éd / OMS, série monographie, 274p.
Blackwater fever. *Presse med*, 31 : 1329-1334.

68. BRYSKIER A., LABRO M-T. (1988).
Paludisme et médicaments : Paris : Arnette, 276p.

69. BYRT T., BISHOP J., CARLIN J.B. (1993).
Biais, Prevalence and Kappa. *J Clin Epidemiol*, 46 : 423-429.

70. BZIK D.J., LI W B., HORII T., INSELBURG J. (1987).
Molecular cloning and sequence analysis of the *Plasmodium falciparum*

dihydrofolate reductase thymidylate synthase gene. *Proc Natl Acad Sci USA*, 84 : 8360-8364.

71. CAMUS D., DUTOIT E., MASSON V., INGLEBERT L., DELHAES L. (2002) .
Etudes cliniques de l'association Atovaquone-Proguanil en prophylaxie du paludisme chez les voyageurs adultes et enfants non-immuns. *Med Trop*, 62 : 225-228.

72. CARNEVALE P. (1995).
La lutte antivectorielle, perspectives et réalités. *Med Trop* ; 55 Suppl. : 56-65.

73. CAROSI G., CALIGARIS S., FADAT G., CASTELLI F., MATTEELLI A., KOMKA-BEMBA D., ROSCIGNO G. (1991).
Reversal of chloroquine resistance of wild isolates of *Plasmodium falciparum* by desipramne. *Trans R Soc Trop Med Hyg*, 85 : 723–724.

74. CASIMIRO S, COLEMAN M, HEMNGWAY J, SHARP B. (2006).
Insecticide resistance in *Anopheles arabiensis* and *Anopheles gambiae* from Mozambique. *J Med Entomol*, 43 : 276-282.

75. CHANG C., LIN-HUA T., JANTANAVIVAT C. (1992).
Studies on a new antimalarial compound : pyronaridine. *Trans R Soc Trop Med Hyg*, 86 : 7-10.

76. CHARMOT G, RODHAIN F. (1982).
La chimiorésistance chez Plasmodium falciparum : Analyse des facteurs d'apparition de d'extension. *Med Trop*, 42 : 418-426.

77. CHEN M., THEANDER T.G., CHRISTENSEN S.B., HVIID L., ZHAI L., KHARAZMI A. (1994).
Licochalcone A, a new antimalarial agent, inhibits in vitro growth of the human malaria parasite Plasmodium falciparum and protects mice from P. yoelii infection. *Antimicrob Agents Chemother*, 38 : 1470-1475.

78. CHURCHILL F.C., PATCHEN L.C., CAMPBELL C.C., SCHWARTZ I.K., NGUYEN-DINH P., DICKINSON C.M. (1985).

Amodiaquine as a prodrug: importance of metabolite(s) in the antimalarial effect of amodiaquine in humans. *Life Sci*, 36 : 53-62.

79. CICCHETTI D.V., FEINSTEIN A.R. (1990).

    High agreement but low kappa : II. Resolving the paradoxes. *J Clin Epidemiol*, 43 : 551-558.

80. CIMANGA K, DE BRUYNE T, LASURE A, VAN POEL B, PIETERS L, VANDEN BERGHE D, VLIETINCK A, KAMBU K, TONA L. (1995).

    In vitro anticomplementary activity of constituents from *Morinda morindoides*. *J Nat Prod*, 58 : 372-378.

81. CIMANGA K., DE BRUYNE T., VAN POEL B., MA Y., CLAEYS M., PIETERS L., KAMBU K., TONA L., BAKANA P., VANDEN BERGHE D., VLIETINCK A.J. (1997);

    Complement-modulating properties of a kaempferol 7-O-rhamnosylsophoroside from the leaves of Morinda morindoides. *Planta Med*, 63 :2 20-223.

82. CIMANGA R.K., KAMBOU K., TONA L., HERMANS N., APERS S., TOTTE J., PIETERS L., VLIETINCK A.J. (2006).

    Cytotoxicity and *in vitro* susceptibility of *Entamoeba histolytica* to *Morinda morindoides* leaf extracts and its isolated constituents. *J. Ethnopharmacol*, 107 : 83-90.

83. COM-NOUGUE C., RODARY C. (1987).

    Revue des procédures pour mettre en évidence l'équivalence de deux traitements. *Rev Epidemiol Sante Publique*, 35 : 416-30.

84. COOKE A.H., CHIODINI P.L., DOHERTY T., MOODY A.H., RIES J., PINDER M. (1999).

    Comparison of a parasite lactate dehydrogenase-base immunochromatographic antigen detection assay with microscopy for the detection of malaria parasite in human blood samples. *Am J Trop Med Hyp*, 60 : 173-176.

85. CORCORAN L.M., THOMPSON J.K., WALLIKER D., KEMP D.J. (1988).
Homologous recombination within subtelomeric repeat sequences generates chromosome size polymophisms in *P. falciparum*. *Cell*, 53 : 807-813.

86. COX-SINGH J., SINGH B. (2008).
Knowlesi malaria : newly emergent and of public health importance ? *Trands Parasitol*, 24 : 406-410.

87. CUMMING J.N., PLOYPRADITH P., POSNER G.H. (1997).
Antimalarial activity of artemisinin (qinghaosu) and related trioxanes: mechanism(s) of action. *Adv Pharmacol*, 37 : 253-97.

88. DAME J.B., REDDY G.R., YOWELL C.A., DUNN B.M., KAY J. AND BERRY C. (1994).
Sequence, expression and modeled structure of an aspartic proteinase from the human malaria parasite *Plasmodium falciparum*. *Mol Biochem Parasitol*, 64 : 177-190.

89. DANIS M. (2003).
Avancées thérapeutiques contre le paludisme en 2003. *Med Trop*, 63 : 267-270.

90. DEBAERT M. (2000).
Antipaludiques In : Traités de chimie thérapeutique, principaux antifongiques et antiparasitaires, ed TEC & DOC / ed médicales Internationales, 13-137.

91. DELORON P., LE BRAS J., ANDRIEU B., HARTMANN J.F. (1982).
Standardisation de l'épreuve de chimio-sensibilité *in vitro* de *Plasmodium falciparum*. *Path Biol*, 30 : 585-588.

92. DESJARDINS R.E., CANFIELDS C.J., HAYNES J.P., CHULAY J.D. (1979).
Quantitative assement of antimalarial activity *in vitro* by a semi-automated microdilution technique. *Antimicrob Agents Chemother*, 16 : 710-718.

93. DESSENS J.T., MENDOZA J., CLAUDIANOS C., VINETZ J.M., KHATER E., HASSARD S., RANAWAKA G.R., SINDEN R.E. (2001).
Knockout of the rodent malaria parasite chitinase PbCHT1 reduces infectivity to mosquitoes. *Infect Immun*, 69 : 4041-4047.

94. DIGGS C., JOSEPH K., FLEMMNGS B., SNODGRASS R., HINES F. (1975).
Protein synthesis in vitro by cryopreserved Plasmodium falciparum. *Am J Trop Med Hyg*, 24 : 760-763.

95. DJADOU K.E., AGBODJAN-DJOSSOU A., AZOUMAH K.D., DJADOU D., LAWSON-EVI K., BALAKA B., KOMLANGAN A. (2007).
Artéméther–luméfantrine, traitement du paludisme simple de l'enfant de plus de cinq ans à l'hôpital de Tsévié (Togo). *Arch Pediatr*, 14 : 1463-1464.

96. DJAMAN A.J., ABOUANOU S., BASCO L., KONE M. (2004).
Limites de l'efficacité de la chloroquine et de la sulfadoxine-pyriméthamine au nord de la ville d'Abidjan (Côte d'Ivoire) : étude couplée *in vivo/in vitro*. *Sante*, 14 : 205-209.

97. DJAMAN A.J., BASCO L., MAZABRAUD A. (2002).
Mise en place d'un système de surveillance de la chimiorésistance de *Plasmodium falciparum* à Yopougon (Abidjan) : Etude *in vivo* de la sensibilité à la chlroquine et évaluation de la résistance à la pyriméthamine après analyse de la mutation ponctuelle du gène de la dihydrofolate reductase (*dhfr*). *Cahiers Santé*, 12 : 363-367.

98. DJAMAN A.J., DJE.K.M., GUEDE- GUINA F. (1998).
Evaluation d'une action antiplasmodiale de *Olax subscorpioides* oliv. (OLACACEE) contre des souches chloroquinorésistantes de *Plasmodiun falciparum*. *Rev Med Pharm*, 11-12 : 177-183.

99. DJAMAN JA, MAZABRAUD A, BASCO L. (2007).
Sulfadoxine-pyrimethamne susceptibilities and analysis of the dihydrofolate reductase and dihydropteroate synthase of *Plasmodium falciparum* isolates from Côte d'Ivoire. *Ann Trop Med Parasitol*, 101 : 103-112.

100. DJIMDE A., DOUMBO O.K., CORTESE J.F., KAYENTAO K., DOUMBO S., DIOURTE Y., DICKO A., SU X.Z., NOMURA T., FIDOCK D.A, WELLEMS T.E., PLOWE C.V., COULIBALY D. (2001).
A molecular marker for chloroquine-resistant *falciparum* malaria. *New England J Med*, 344 : 257-263.

101. DOMNGUEZ J.N., LOPEZ S., CHARRIS J., IARRUSO L., LOBO G., SEMENOV A., OLSON J. E. AND ROSENTHAL P. J., (1997).
Synthesis and antimalarial effects of phenothiazine inhibitors of a *Plasmodium falciparum* cysteine protease. *J Med Chem*, 40: 2726-2732.

102. DORN A., STOFFEL R., MATILE H., BUBENDORF A. AND RIDLEY R., (1995).
Malarial haemozoin/beta-haematin supports haem polymerization in the absence of protein. *Nature*, 374 : 269–271.

103. DORN A., VIPPAGUNTA S.R., MATILE H., JAQUET C., VENNERSTROM J.L., RIDLEY R.G. (1998).
An assessment of drug-haematin binding as a mechanism for inhibition of haematin polymerisation by quinoline antimalarials. *Biochem Pharmacol*, 55 : 727-736.

104. DOSSOU-YOVO J., AMALAMAN K., CARNEVALE P. (2001).
Itinéraires et pratiques thérapeutiques antipaludiques chez les citadins de Bouaké, Côte d'Ivoire. *Med Trop*, 62 : 495-499.

105. DUFFY M.F., REEDER J.C., BROWN G.V. (2003).
Regulation of antigenic variation in *Plasmodium falciparum*: censoring freedom of expression? *Trends Parasitol*, 19 : 121-124.

106. EGAN T.J., ROSS D.C. AND ADAMS P.A., (1994).
Quinoline antimalarial drugs inhibit spontaneous formation of beta-haematin (malaria pigment). *FEBS Letters*, 352 : 54-57.

107. ELDIN DE PECOULAS P., BASCO K L, LE BRAS J., MAZABRAUD A. (1995).
Point mutations in dihydrofolate reductase gene and antifolate sensibility of isolates and clones of *Plasmodium falciparum*. *An Trop Med parasitol*, 89 : 172 p.

108. ELDIN DE PECOULAS P., BASCO L.K., LE BRAS J., MAZABRAUD A. (1996).
Association between antifolate resistance *in vitro* and *dhfr* point mutation in *Plasmodium falciparum* isolates. *Trans R Soc Trop Med Hyg*, 90 : 181-182.

109. ESPOSITO T. T. A., MAURITZ M. A. J., SCHLACHTER S., BANNISTER H. L., KAMNSKI F. C., LEW L. V. (2008).
FRET Imaging of Hemoglobin Concentration in *Plasmodium falciparum*-Infected Red Cells. *PLoS ONE*, 3 : e3780-e3789.

110. FEAGIN J.E. (1992).
The 6-kb element of *Plasmodium falciparum* encodes mitochondrial cytochrome genes. *Mol Biochem Parasitol*, 52 : 145-148.

111. FENTON B., WALKER A., WALLIKER D. (1985).
Protein variation in clones of *Plasmodium falciparum* detected by two dimensional electrophoresis. *Mol Biochem Parasitol*, 16 : 173-183.

112. FENTON B., WALLIKER D. (1990).
Genetic analysis of polymorphic proteins of the human malaria parasite *Plasmodium falciparum*. *Genet Res*, 55 : 81-86.

113. FERMANIAN J. (1984).
Mesure de l'accord entre deux juges. Cas qualitatif. *Rev Epidemiol Sante Publ*, 32 : 140-147.

114. FERNANDES N.E., CRAVO P., DO ROSÁRIO V.E. (2007).
Sulfadoxine-pyrimethamne resistance in Maputo, Mozambique: presence of mutations in the dhfr and dhps genes of Plasmodium falciparum. *Rev Soc Bras Med Trop*, 40 : 447-450.

115. FIDOCK D.A., NOMURA T., TALLEY A.K., COOPER R.A., DZEKUNOV S.M., FERDIG M.T., URSOS L.M.B., SIDHU A.B.S., NAUDE B., DEITSCH K.W., SU X.Z., WOOTTON J.C., ROEPE, P.D., WELLEMS T.E. (2000).
Mutations in the *P. falciparum* digestive vacuole transmembrane protein PfCRT and evidence for their role in chloroquine resistance. *Mol Cell*, 6 : 861-871.

116. FILLER S., CAUSER L.M., NEWMAN R.D., BARBER A.M., ROBERTS J.M., MACARTHUR J. PARISE M.E., STEKETEE R.W. (2003).
Malaria surveillance--United States. *MMWR Surveill Summ*, 52 : 1-14.

117. FITCH C.D. (1970).
Plasmodium falciparum in owl monkey : drug resistance and chloroquine binding capacity. *Science*, 169 : 289-290.

118. FIVELMAN Q. L., ADAGU I. S., WARHURST D. C. (2004).
Modified fixed-ratio isobologram method for studying in vitro interactions between atovaquone and proguanil or dihydroartemisinin against drug-resistant strains of *Plasmodium falciparum*. *Antimicrob Agents Chemother*, 48 : 4097–4102.

119. FLORENS L., WASHBURN M.P., RAINE J.D., ANTHONY R.M., GRAINGER M., HAYNES J.D., MOCH J.K., MUSTER N., SACCI J.B., TABB D.L., WITNEY A.A., WOLTERS D., WU Y., GARDNER M.J., HOLDER A.A., SINDEN R.E., YATES J.R., CARUCCI D.J. (2002).
A proteomic view of the *Plasmodium falciparum* life cycle. *Nature*, 419 : 520-526.

120. FOLEY M., TILLEY L. (1997).
Quinoline antimalarials: mechanisms of action and resistance. *Int J Parasitol*, 27 : 231-240.

121. FOOTE S J., THOMPSON J.K., COWMAN A.F., KEMP D.J. (1989).
Amplification of the multidrug resistance gene in some chloroquine-resistant isolates of *P. falciparum*. *Cell*, 57 : 921-930.

122. FRANCIS S.E., GLUZMAN I.Y., OKSMAN A., KNICKERBOCKER A., MUELLER R., BRYANT M.L., SHERMAN D.R., RUSSEL D. G. AND GOLDBERG D. E. (1994).
Molecular characterization and inhibition of a *Plasmodium falciparum* aspartic hemoglobinase. *EMBO Journal*, 13: 306-317.

123. FRANÇOIS G., TIMPERMAN G., STEENACKERS T., ASSI L.A., HOLENZ J., BRINGMANN G. (1997)
In vitro inhibition of liver forms of the rodent malaria parasite Plasmodium berghei by naphthylisoquinoline alkaloids--structure-activity relationships of dioncophyllines A and C and ancistrocladine. *Parasitol Res*, 83 : 673-679.

124. FRANSSEN G., ROUVEIX B., LEBRAS J., BAUCHET J., VERDIER F., MICHON C., BRICAIRE F. (1989).
Divided-dose kinetics of mefloquine in man. Br J Clin Pharmacol, 28 : 179-184.

125. GARDNER M.J., TETTELIN H., CARUCCI D.J., CUMMINGS L.M., ARAVIND L., KOONIN E.V., SHALLOM S., MASON T., YU K., FUJII C., PEDERSON J., SHEN K., JING J.P., ASTON C., LAI Z.W., SCHWARTZ D.C., PERTEA M., SALZBERG S., ZHOU L.X., SUTTON G.G., CLAYTON R., WHITE O., SMITH H.O., FRASER C.M., ADAMS M.D., VENTER J.C., HOFFMAN S.L. (1998).
Chromosome 2 sequence of the human malaria parasite *Plasmodium falciparum*. *Science*, 282 : 1126-1132.

126. GINSBURG H., KRUGLIAK M., EIDELMAN O., CABANTCHIK Z. I. (1983).
New permeability pathways induced in membranes of Plasmodium falciparum infected erythrocytes. *Mol Biochem Parasitol*, 8: 177–190.

127. GLUZMAN I.Y., FRANCIS S.E., OKSMAN A., SMITH C., DUFFIN K. AND GOLDBERG D. E. (1994).
Order and specificity of the *Plasmodium falciparum* hemoglobin degradation pathway. *J Clin Invest*, 93 : 1602-1607.

128. GOLDBERG D.E. (1992).
Plasmodial hemoglobin degradation: an ordered pathway in a specialized organelle. *Infect Agents Dis*, 1 : 207-211.

129. GOLVAN J-Y. (1983).
Eléments de parasitologie médicale : Paris : $4^{\text{ère}}$ Ed, Flammarion, 571p.

130. GOMAN M., LANGSLEY G., HYDE J.E., YANKOVSKY N.K., ZOLG J.W., SCAIFE J.G. (1982).
The establishment of genomic DNA librairies for the human malaria parasites *Plasmodium falciparum* and identification of individual clones by hybridisation. *Mol biochem Parasitol*, 5 : 391-400.

131. GREENWOOD B. ET MUTABINGWA T. (2002).
Malaria in 2002. *Nature*, 415: 670-672.

132. GREENWOOD B.M, FIDOCK D.A, KYLE D.E, KAPPE S.H.I, ALONSO P.L, COLLINS F.H, DUFFY P.E (2008).

Malaria : progress, perils and prospects for eradication. J Clin Invest, 118 : 1266-1276.

133. GUIGUEMDE T.R., GBARY A.R., OUEDRAOGO J.B., GAYIBOR A., LAMIZANA L., MAIGA A.S., BOUREIMA H.S., COMLANVI C.E., FAYE O., NIANG S.D. (1991).

Point actuel sur la chimio-résistance du paludisme des sujets autochtones dans les Etats de l'OCCGE (Afrique de l'Ouest). *Ann Soc Belge Med Trop,* 71 : 199-207.

134. GUIGUEMDE T.R., TOE A.C.R., SADELER B.C., GBARY A.R., OUEDRAOGO J.B., LOUBOUTIN-CROC J.P. (1992).

Variation de la densité parasitaire de *Plasmodium falciparum* chez les porteurs asymptomatiques : conséquences dans les études de chimiorésistance du paludisme. *Med Trop,* 52 : 313-315.

135. HALL A.P., CZERWINSKI A.W., MADONIA E.C., EVENSEN K.L. (1973).

Human plasma and urine quinine levels following tablets, capsules, and intravenous infusion. *Clin Pharmacol Ther,* 14 : 580-585.

136. HAPPI C.T., GBOTOSHO G.O., FOLARIN O.A., AKINBOYE D.O., YUSUF B.O., EBONG O.O., SOWUNMI A., KYLE D.E., MILHOUS W., WIRTH D.F., ODUOLA A.M. (2005).

Polymorphisms in *Plasmodium falciparum* dhfr and dhps genes and age related in vivo sulfadoxine-pyrimethamne resistance in malaria-infected patients from Nigeria. *Acta Trop,* 95 : 183-193.

137. HENRY M.C, NIANGUE J., KONE M. (2002).

Quel médicament pour traiter le paludisme simple quand la chloroquine devient inefficace dans l'Ouest de la Côte d'Ivoire ? *Med Trop,* 62 : 55-57.

138. HOMEWOOD C A., NEAME K D. (1980).

Biochemestry of malarial parasites in : Kreier J P., éd. Malaria, New York, Academic press, 1 : 346-405.

139. HUI S. N. G., PALMER L. K., SIDDIQUI A. W. (1983).
Synchronization of *Plasmodium Falciparum* in Continuous *in Vitro* Culture: Use of Colchicine. *Am J Trop Med Hyg*, 32 : 1451-1453.

140. ITTARAT I., ASAWAMAHASAKDA W., MESHNICK S.R. (1994).
A prelimnary characterization of the Pneumocystis carinii dihydroorotate dehydrogenase. *J Eukaryot Microbiol*, 41 : 92S.

141. JENSEN J. B. (1978).
Concentration from continuous culture of erythrocytes infected with trophozoites and schizonts of Plasmodium falciparum. *Am J Trop Med Hyg*, 27 : 1274-1276.

142. KALKANIDIS M., KLONIS N., TILLEY L., DEADY L. W. (2002).
Novel phenothiazine antimalarials: synthesis, antimalarial activity, and inhibition of the formation of hematin. *Biochem Pharmacol*, 63 : 833–842.

143. KAMBU K. (1990).
Eléments de Phytothérapie Comparée. Plantes Médicinales Africaines, CRP-Kinshasa, 61.

144. KARBWANG J., MOLUNTO P., NA BANGCHANG K., BANMAIRUROI V., BUNNAG D., HARINASUTA T. (1991).
Pharmacokinetics of prophylactic mefloquine. *Southeast Asian J Trop Med Public Health*, 22 : 519-522.

145. KARBWANG J., NA BANGCHANG K., THANAVIBUL A., BUNNAG D., HARINASUTA T. (1991).
Pharmacokinetics of mefloquine in treatment failure. *Southeast Asian J Trop Med Public Health*, 22 : 523-526.

146. KARBWANG J., WARD S.A., MILTON K.A., NA BANGCHANG K., EDWARDS G. (1991).
Pharmacokinetics of halofantrine in healthy Thai volunteers. *Br J Clin Pharmacol*, 32 : 639-640.

147. KEMP D.J., CORCORAN V.R., COPPEL R.L., STAHL H.D., BIANCO A.E., BROWN G.V., ANDERS R.F. (1985).

Size variation in chromosomes from independent cultured isolates. *Nature*, 315 : 347-350.

148. KIFUDE C.M., RAJASEKARIAH H.G., SULLIVAN D.J.Jr., STEWART V.A., ANGOV E., MARTIN S.K., DIGGS C.L., WAITUMBI J.N. (2008).
Enzyme-linked immunosorbent assay for detection of *Plasmodium falciparum* histidine-rich protein 2 in blood, plasma, and serum. *Clin Vaccine Immunol*, 15 : 1012-1018.

149. KING C.A. (1988).
Cell motility of sporazoan protozoa. *Parasitol Today*, 25 : 315-319.

150. KIRK K. (2001).
Membrane transport in the malaria-infected erythrocyte. *Physiol Rev*, 81: 495–537.

151. KOFFI A. (2003)
Activité antimicrobienne de Bitter GG (*Morinda morindoides*), une substance anti-diarrhéique de source naturelle sur le vibrion du choléra (Extrait totaux, alcoolique, résiduel et la fraction FS). DEA de Biotechnologie et Amélioration de la production végétale option Pharmacologie des Substances Naturelles, UFR Biosciences, université de Cocody Abidjan, 49p.

152. KONE M., PENALI L.K., HOUDIER M., ASSOUMOU A., COULIBALY A. (1990).
Evaluation de la sensibilité in vivo de *Plasmodium falciparum* à la chloroquine à Abidjan. Bull Soc Pathol Exot, 83 : 187-192.

153. KOUAME (2006).
Action antibactérienne de *Morinda morindoides*, une substance de source naturelle sur Salmonelle OMA DEA de Biotechnologie et Amélioration de la production végétale option Pharmacologie des Substances Naturelles, UFR Biosciences, université de Cocody Abidjan, 34p

154. KRISHNA S., WHITE N.J. (1996).
Pharmacokinetics of quinine, chloroquine and amodiaquine. Clinical implications. *Clin Pharmacokinet*, 30 : 263-299.

155. KROGSTAD D.J., GLUZMAN I.Y., KYLE D.E., ODUOLA A.M., MARTIN S.K., MILHOUS W.K., SCHLESINGER P.H. (1987).
Efflux of chloroquine from *Plasmodium falciparum* : mechanism of chlorquine-resistance. *Science*, 238 : 1283-1285.

156. KROGSTAD D.J., SCHLESINGER P.H. (1986).
A perspective on antimalarial action : effets of weak bases on *Plasmodium falciparum*. *Biochem Pharmacol*, 35 : 547-552.

157. KRUGLIAK M., GINSBURG H. (1991).
Studies on the antimalarial mode of action of quinoline-containing drugs: time-dependence and irreversibility of drug action, and interactions with compounds that alter the function of the parasite's food vacuole. *Life Sci*, 49 : 1213-12139.

158. KRUGLIAK M., ZHANG J., GINSBURG H. (2002).
Intraerythrocytic Plasmodium falciparum utilizes only a fraction of the amino acids derived from the digestion of host cell cytosol for the biosynthesis of its proteins. *Mol Biochem Parasitol*, 119 : 249–256.

159. KRUNGKRAI J., BURAT D., KUDAN S., KRUNGKRAI S., PRAPUNWATTANA P. (1999).
Mitochondrial oxygen consumption in asexual and sexual blood stages of the human malarial parasite, *Plasmodium falciparum*. *Southeast Asian J Trop Med Public Health*, 30 : 636-642.

160. KWIATKOWSKI D., GREENWOOD B.M. (1989).
Why is malaria fever periodic ? A Hypothesis. *Parasitology Today*, 5 : 264-266.

161. KYABAYINZE D.J., TIBENDERANA J.K., ODONG G.W., RWAKIMARI J.B., COUNIHAN H. (2008).
Operational accuracy and comparative persistent antigenicity of HRP2 rapid diagnostic tests for *Plasmodium falciparum* malaria in a hyperendemic region of Uganda. *Malar J*, 7 : 221-231.

162. LABIE D. (2005).

Résistance du *Plasmodium* à la chloroquine : vers un ciblage de l'attaque ? *Med sci (Paris)*, 5 : 463-465.

163. LAMBROS C., VANDERBERG J.P. (1979).

Synchronization of *Plasmodium falciparum* erythrocytic stage in culture. *J Parasitol*, 65 : 418-420.

164. LANG-UNNASCH N., MURPHY A.D. (1998).

Metabolic changes of the malaria parasite during the transition from the human to the mosquito host. *Annu Rev Microbiol*, 52 : 561-90.

165. LARONZE J.Y., LARONZE J. (2000).

Émétine et ses dérivés In : Traités de chimie thérapeutique, principaux antifongiques et antiparasitaires, ed TEC & DOC, ed médicales Internationales, 260-271.

166. LAU H., FERLAN J.T., BROPHY V.H., ROSOWSKY A., SIBLEY C.H. (2001).

Efficacies of lipophilic inhibitors of dihydrofolate reductase against parasitic protozoa. *Antimicrob Agents Chemother*, 45 : 187-195.

167. LE BRAS J. (1996).

Chimiosensibilité du paludisme d'importation à *Plasmodium falciparum* en France en 1995 : place de la chloroquine et du proguanil. *Médecine d'Afrique noire*, 43 : 627-628.

168. LE BRAS J., ANDRIEU B., HATIN I., SAVEL J., COULAUD J.P. (1984).

Plasmodium falciparum : interprétation du semi-microtest de chimio-sensibilité *in vitro* par incorporation de 3H-hypoxanthine. *Path Biol*, 32 : 463-466.

169. LE BRAS J., BASCO K.L., CHARMOT G. (1993).

Les bases moléculaires de la chimiorésistance de *Plasmodium falciparum* et ses différents profils. *Cahiers Santé*, 3 : 293-301.

170. LE BRAS J., BASCO L K., ELDIN DE PECOULAS P. (1996).

Mécanismes et épidémiologie des résistances aux antipaludiques. *Soc Biol*, 190 : 471-485.

171. LE BRAS J., DELORON P. (1983).
In vitro study of drug sensitivity of *plasmodium falciparum* : an evalution of a new semi-microtest. *Am J Trop Med Hyg*, 32 : 447-451.

172. LE BRAS J., LONGUET C., CHARMOT G. (1998).
Transmission humaine et résistance des plasmodies. *Rev Prat*, 48 : 258-263.

173. LE BRAS J., MUSSET L., CLAIN J. (2006).
La résistance aux médicaments antipaludiques. *Med Mal Infect*, 36 : 401-405.

174. LE BRAS J., THULLLIER D., COULAUD J.P., SAVEL J. (1980).
In vitro comparaison of patient and *P. falciparum* strain sensitivities to chloroquine. In : Van den Bossche H., the host Invader Interapy., Ed. Elsevier, north holland, Bio-medical press BV, 638-641.

175. LEE K.S, COX-SINGH J., SINGH B. (2009).
Morphological features and differential counts of *Plasmodium knowlesi* parasites in naturally acquired human infections. *Malar J*, 8 : 73-92.

176. LEONARDI E., GILVARY G., WHITE N.J., NOSTEN F. (2001).
Severe allergic reactions to oral artesunate: a report of two cases. *Trans R Soc Trop Med Hyg*, 95 : 182-183.

177. LERI O., PERINELLI P., LOSI T., MASTROPASQUA M., PERI C., TUBILI S. (1997).
Malaria: recent immunological acquisitions and therapeutic prospects. *Clin Ter*, 148 : 655-665.

178. LEVINE N.D. (1988).
Progress in taxonomy of the Apicomplexan protozoa. *J Protozool*, 35 : 518-520.

179. LJUNGSTRÖM I., PERLMANN H., SCHICHTHERLE H., SCHERF A., WAHLGEN M. (2004).
Methods in Malaria Research. Fourth Edition. M.R.4 / A.T.C.C., 265p.

180. MABUNDA S., CASIMIRO S., QUINTO L., ALONSO P. (2008).
A country-wide malaria survey in Mozambique. I. *Plasmodium falciparum* infection in children in different epidemiological settings. *Malaria Journal*, 7: 216-228.

181. MACETE E., APONTE J.J., GUINOVART C., SACARLAL J., OFORI-ANYINAM O., MANDOMANDO I., ESPASA M., BEVILACQUA C., LEACH A., DUBOIS M.C., HEPPNER D.G., TELLO L., MILMAN J., COHEN J., DUBOVSKY F., TORNIEPORTH N., THOMPSON R., ALONSO P.L. (2007).
Safety and immunogenicity of the RTS,S/AS02A candidate malaria vaccine in children aged 1-4 in Mozambique. *Trop Med Int Health, 12 : 37-46.*

182. MACKEY L. (1982).
Diagnosis of *Plasmodium falciparum* infection in man: detection of parasite antigens by Elisa. *WHO Bull*, 60 : 69-75.

183. MAKLER M.T., RIES J.M., WILLIAMS J.A., BANCROFT J.E., PIPER R.C., GIBBINS B.L., HINRICHS D.J. (1993).
Parasite lactate dehydrogenase as an assay for *Plasmodium falciparum* drug sensitivity. *Am J Trop Med Hyg*, 48 : 739-741.

184. MANSOR S.M., MOLYNEUX M.E., TAYLOR T.E., WARD S.A., WIRIMA J.J., EDWARDS G. (1991a).
Effect of *Plasmodium falciparum* malaria infection on the plasma concentration of alpha 1-acid glycoprotein and the binding of quinine in Malawian children. *Br J Clin Pharmacol*, 32 : 317-21.

185. MANSOR S.M., WARD S.A., EDWARDS G. (1991b).
The effect of fever on quinine and quinidine disposition in the rat. *J Pharm Pharmacol*, 43 : 705-708.

186. MANSOR S.M., WARD S.A., EDWARDS G., HOAKSEY P.E., BRECKENRIDGE A.M. (1991c).
The influence of alpha 1-acid glycoprotein on quinine and quinidine disposition in the rat isolated perfused liver preparation. *J Pharm Pharmacol* ; 43 : 650-654.

187. MARIGA S.T., GIL J.P., WERNSDORFER W.H., BJÖRKMAN A. (2005).
Pharmacodynamic interactions of amodiaquine and its major metabolite desethylamodiaquine with artemisinin, quinine and atovaquone in *Plasmodium falciparum* in vitro. *Acta Trop*, 93 : 221-231.

188. MARSH K. (1992).
A neglected disease ? *Parasitology*, 104 : S53-S69.

189. MARTET G., PEYRON F. (2000).
Généralités, les outils du diagnostic in diagnostic du paludisme 22p.

190. MARTIN R.E., KIRK K. (2004).
The malaria parasite's chloroquine resistance transporter is a member of the drug/metabolite transporter superfamily. *Mol Biol Evol*, 21 : 1938-1949.

191. MARTIN S.K., ODUALA A.M.J., MILHOUS W.K. (1987).
Reversal of chloroquineresistance in *Plasmodium falciparum* by verapamil. *Science*, 235 : 899-901.

192. MARTINON F., TSCHOPP J. (2005).
NLRs join TLRs as innate sensors of pathogens. *Trends Immunol*, 26 : 447-454.

193. MASIMIREMBWA C. M., PHUONG DUNG N., PHUC B. Q., DUC DAO L., SY N. D., SKOLD O., SWEDBERG G. (1999).
Molecular epidemiology of *Plasmodium falciparum* antifolate resistance in Vietnam: genotyping for resistance variants of dihydropteroate synthase and dihydrofolate reductase. *Int J Antimicrob Agent*, 12 : 203-211.

194. MASON D.P., KAWAMOTO F., LIN K., LAOBOONCHAI A., WONGSRICHANALAI C. (2002).
A comparison of two rapid field immunochromatographic tests to expert microscopy in the diagnosis of malaria. *Acta Trop*, 82 : 51-59.

195. MATSON P.A., LUBY S.P., REDD S.C., ROLKA H.R., MERIWETHER R.A. (1996).
Cardiac effects of standard-dose halofantrine therapy. *Am J Trop Med Hyg*, 54 : 229-

231.

196. MATUSCHEWSKI K. (2006).
Getting infectious: formation and maturation of *Plasmodium* sporozoïtes in the Anopheles vector. *Cell Micobiol*, 8 : 1547-1556.

197. MATUSCHEWSKI K., ROSS J., BROWN S.M., KAISER K., NUSSENZWEIG, STEFAN H.I.K. (2002).
Infectivity-associated changes in transcriptional repertoire of malaria parasite sporozoite stage. *J Biol Chem*, 277 : 41948-41953.

198. MAY J., MEYER C.G. (2003).
Association of *Plasmodium falciparum* chloroquine resistance transporter variant T76 with age-related plasma chloroquine levels. *Am J Trop Med Hyg*, 68 : 143-146.

199. MAYOR A.G., GOMEZ OLIVE X., APONTE J.J., CASIMIRO S., MABUNDA S., DGEDGE M., BARRETO A., ALONSO P.L. (2001).
Prevalence of the K76T mutation in the putative *Plasmodium falciparum* chloroquine resistance transporter (*pfcrt*) gene and its relation to chloroquine resistance in Mozambique. *J Infect Dis*, 183 : 1413-1416.

200. MAZIER D., DRUILHE P., GUGUEN-GUILLOUZO C., BAYARD P., SOEUN V., DATRY A., GENTILINI M. (1984).
Hepatocytes as feederlayers for *in vitro* cultivation of *Plasmodium falciparum* blood-stages. *Trans R Soc Trop Med Hyg*, 78 : 330- 334.

201. MBERU E.K., NZILA A.M., NDUATI E., ROSS A., MONKS S.M., KOKWARO G.O., WATKINS W.M., SIBLEY C.H.(2002).
Plasmodium falciparum : *in vitro* activity of sulfadoxine and dapsone in field isolates from Kenya: point mutations in dihydropteroate synthase may not be the only determnants in sulfa resistance. *Exp Parasitol*, 101 : 90-96.

202. M'BOH G.M. (2006).
Effet des protéines totales de BGG sur la pression artérielle de lapin et le Cœur isolé de rat. Mémoire de DEA. Biotechnologies et sciences des aliments option Pharmacologie

des Substances Naturelles. Université de Cocody, UFR Biosciences, Abidjan, Côte d'Ivoire. 30 p.

203. McCUTCHAN T.F., DAME J B., MILLER L.H., BARNWELL J. (1984).
Evolutionary relatedness of *Plasmodium* species as determined by the structure of DNA. *Science,* 225 : 808-811.

204. McGREGOR I. A., WILSON M. E., BILLEWICZ W. Z. (1983).
Malaria infection of the placenta in The Gambia, West Africa ; its incidence and relationship to stillbirth, birthweight and placental weight. *Trans R Soc Trop Med Hyg,* 77 : 232-244.

205. MEHTA M., SONAWAT H.M., SHARMA S. (2006).
Glycolysis in *Plasmodium falciparum* results in modulation of host enzyme activities. *J Vect Borne Dis,* 43 : 95–103.

206. MERRITT A., EWALD D., VAN DEN HURK A.F., STEPHEN S., JR., LANGRELL J. (1998).
Malaria acquired in the Torres Strait. *Commun Dis Intell,* 22 : 1-2.

207. MITROFAN-OPREA L., PALII C., TISSIER J.-P., HÉRON A., VERPOORT T., BEHAGUE M., SMAGGHE E., SCHOONEMAN F., HUART J.-J., GOUDALIEZ F., MONTREUIL J., BRATOSIN D. (2007).
Nouveaux critères d'évaluation de la viabilité des hématies destinées à la transfusion. *Transfus Clin Bio,* 14 : 393-401.

208. MOHAN K., STEVENSON M.M. (1998).
Acquired immunity to asexual blood stages; in Sherman IW (ed): Malaria: Parasite Biology, Pathogenesis and Protection. Washington, ASM Press, pp. 467-493.

209. MOLINEAUX L., MUIR D.A., SPENCER H.C., WERNSDORFER W.H. (1988)
The epidemiology of malaria and its measurement. In: Wernsdorfer WH, McGregor I, editors. *Malaria.* v II. New York: Churchill Livingstone, p. 999–1089.

210. MONLUN E., LE METAYER P., SZWANDT S., NEAU D., LONGY-BOURSIER

M., HORTON J., LE BRAS M. (1995).
Cardiac complications of halofantrine: a prospective study of 20 patients. *Trans R Soc Trop Med Hyg*, 89 : 430-433.

211. MOREAU S., PERLY B., BIGNET J. (1982).
Interactions de la chloroquine avec la ferriprotoporphyrine IX. Etude par résonance magnétique nucléaire. *Biochimie*, 64 : 1015-1025.

212. MORENO A., BRASSEUR P., CUZIN-OUATTARA N., BLANC C., DRUILHE P. (2001).
Evaluation under field conditions of the colourimetric DELI-microtest for the assessment of *Plasmodium falciparum* drug resistance. *Trans R Soc Trop Med Hyg*, 95 : 100-103.

213. MOROH J.-L. A., BAHI C., DJE K., LOUKOU Y. G., GUEDE-GUINA F. (2008).
Etude de l'activité antibactérienne de l'extrait acétatique (EAC) de *Morinda morindoides* (Baker) milne-redheat (rubiaceae) sur la croissance *in-vitro* des souches d'*Escherichia coli*. *Bull Soc Roy Sci de Liège*, 77 : 44 – 61.

214. MOUCHET J, CARNEVALE P. (1997).
Impact of changes in the environment on vector-transmitted diseases. *Sante*, 7 : 263-269.

215. MOUCHET J., CARNEVALE P., COOSEMANS M., FONTENILLE D., RAVAONJANAHARY C., RICHARD A., ROBERT V. (1993).
Typologie du paludisme en Afrique. *Cahiers santé*, 3 : 220-238.

216. MURPHY K.M.M, GOULD R.J., LARGENT B.L., SNIDER S.H. (1983).
A unitary mechanism of calcium antagonist drug action. *Proc Natl Acad Sci USA*, 80 : 860-864.

217. MYERS R.L., BURGHOFF R L., ENGLISH D.W., WENZEL A.Z., HARVEY M.A. (1997).
Evaluation of isocode and other novel collection matrices as nucleic acid storage and processing devices for clinical samples. Poster reprint presented at the 49th AACC Annual Metting, july 20-24th, Atlanta, GA. # 774.

218. N'GUESSAN D. L., REY J.L., SORO B., COULIBALY A. (1990).
La mortalité infantile et ses causes dans une sous-préfecture de Côte d'Ivoire. *Med Trop*, 50 : 429-432.

219. N'GUESSAN J. D, TREBISSOU N.D., BAHI C., ZIRIHI G.N., GUEDE-GUINA F., (2004)
Effets de BGG, F5 (fraction chromatographique de *Morinda morindoides*) sur la pression artérielle carotidienne de lapin. *Rev Med Pharm Afr*, 18 : 35-44.

220. NAVARATNAM V., MANSOR S.M., SIT N.W., GRACE J., LI Q., OLLIARO P. (2000).
Pharmacokinetics of artemisinin-type compounds. *Clin Pharmacokinet*, 39 : 255-270.

221. NICOULET I., SIMON F., LE BRAS J. (1987).
Apparition de la chloroquino-résistance de paludisme à *Plasmodium falciparum* en Côte d'Ivoire. *Bull Epidémiol Hebdo*, 41 : 163.

222. NOEDL H., WERNSDORFER W.H, MILLER RS, WONGSRICHANALAI C. (2002).
Histidine-rich protein II: a novel approach to malaria drug sensitivity testing. *Antimicrob Agents Chemother*, 46 : 1658-1664.

223. O'NEIL M.J., BRAY D.H., BOARDMAN P., PHILLIPSON D. (1986).
Plants as sources of antimalarial drugs : *in vitro* antimalarial activities of some quassinoids. *Antimicrob Agents Chemother*, 30 : 101-104.

224. ODUOLA A. M. J., SOWUNMI A., MILHOUS W. K., BREWER T. G., KYLE D. E., GERENA L., ROSSAN R. N., SALAKO L. A., SCHUSTER B. G. (1998).
In vitro and *in vivo* reversal of chloroquine resistance in *Plasmodium falciparum* with promethazine. *Am J Trop Med Hyg*, 58 : 625–629.

225. ORGANISATION MONDIALE DE LA SANTE (1973).
Chimiothérapie du paludisme et résistance aux antipaludiques. Série de rapports techniques, n°529, Genève, 128p.

226. ORGANISATION MONDIALE DE LA SANTE (1994).
Stratégies d'utilisation des antipaludiques : besoins de données, traitement du paludisme non compliqué et prise en charge pendant la grossesse. WHO/MAL/94.1070, 72p.

227. ORGANISATION MONDIALE DE LA SANTE (1996).
Evaluation de l'efficacité thérapeutique des antipaludiques pour le traitement du paludisme à *Plasmodium falciparum* non compliqué dans les régions à transmission élevée. WHO/MAL96.1077, 33p.

228. ORGANISATION MONDIALE DE LA SANTE (1998).
Paludisme, aide-Mémoire, Génève, 94, 7p.

229. ORGANISATION MONDIALE DE LA SANTE (2002).
Surveillance de la résistance aux antipaludiques, rapport d'une consultation de l'OMS, Genève, Suisse, WHO/CDS/CSR/EPH/2002.17, 35p.

230. ORGANISATION MONDIALE DE LA SANTE (2005).
Le rapport mondial sur le paludisme: Brienfing de 5 mn sur le rapport mondial 2005 de l'OMS et de l'UNICEF sur le paludisme. 5p.

231. ORGANISATION MONDIALE DE LA SANTE, ORGANISATION PANAMERICAIN DE LA SANTE (2000).
126e session du comité exécutif. Washington, D.C., 26-30 juin 2000. 15p.

232. PASVOL G., WILSON R. J., SMALLEY M. E., BROWN J. (1978).
Separation of viable schizontinfected red cells of Plasmodium falciparum from human blood. *Ann Trop Med Parasitol,* 72 : 87-88.

233. PATARAPOTIHUL J., LANGSLEY G. (1988).
Chromosome size polymorphism in *Plasmodium falciparum* can involve deletions of the subtelomeric pPFrep 20 sequence. *Nucleic Acids Res,* 16 : 4331-4340.

234. PENALI L.K., KONE M., KOMENAN A., COULIBALY L. (1993).
Decrease in chloroquine resistant *Plasmodium falciparum* in the Abidjan region (Ivory Coast). *Med Trop,* 53 : 191-194.

235. PETERS W., EKONG R., ROBINSON B. L, WARHUST D. C. (1990).
The chemotherapy of rodent malaria. XLV. Reversal of chloroquine resistance in rodent and human *Plasmodium* by antihistamnic agents. *Ann Trop Med Parasitol*, 84 : 541–551.

236. PETERS W., EKONG R., ROBINSON B.L., WARHURST D.C., PAN X.-Q. (1989a).
Effect of weak base on the intralysosomal pH in mouse peritoneal macrophages. *J Cell Biol*, 90 : 665-669.

237. PETERS W., EKONG R., ROBINSON B.L., WARHURST D.C., PAN X.-Q. (1989b).
Antihistamnic drugs that reverse chloroquine resistance in *plasmodium falciparum*. Lancet, ii : 334-335.

238. PETERSEN E., MARBIAH N.T., MAGBITI E., LINES J.D., MAUDE G.H., HØGH B., CURTIS C., GREENWOOD B., BRADLEY D. (1993).
Controlled trial of lambda-cyhalothrin impregnated bed nets and Maloprim chemosuppression to control malaria in children living in a holoendemic area of Sierra Leone, west Africa. Study design and pre l i m i n a ry results. *Parassitologia*, 35 : 81-85.

239. PETERSON D.S., DI SANTI S M., POVOA M., CALVOSA V.S., DO ROSARIO V.E., WELLEMS T.E. (1991).
Prevalence of the dihydrofolate reductase Asn-108 mutation as the basis for pyrimethamne-resistant *falciparum* malaria in the brazilian amazon. *Am J Trop Med Hyg*, 45 : 492-497.

240. PETERSON D.S., WALLIKER D. WELLEMS T.E. (1988).
Evidence that a point mutation in the dihydrofolate reductase-thymidilate synthase confers resistance to pyrimethamne in *falciparum* malaria. *Proc Natl Acad Sci USA*, 85 : 9114-9118.

241. PHILLIPSON J. D. O'NEIL J. M. (1986).
Novel antimalarial drugs from plants ? *Parasitology Today*, 2 : 355-358.

242. PIERONI P, MILLS CD, OHRT C, HARRINGTON MA, KAIN KC. (1998).
Comparison of the ParaSight-F test and the ICT Malaria Pf test with the polymerase chain reaction for the diagnosis of *Plasmodium falciparum* malaria in travellers. *Trans R Soc Trop Med Hyg*, 92 : 166-169.

243. PLOW C.V., DOUMBO O.K., DJIMDE A., KAYENTAO K., DIOURTE Y., DOUMBO S.N., COULIBALY D., THERA M., WELLEMS T.E., DIALLO D.A. (2001).
Chloroquine treatment of uncomplicated *Plasmodium falciparum* malaria in Mali : parasitologic resistance versus therapeutic efficacy. *Am J Trop Med Hyg*, 645 : 242-246.

244. POLLACK Y., KATZEN A.L., SPIRA D.T., GOLENSER J. (1982).
The genome of *Plasmodium falciparum* I: DNA base composition. *Nucleic Acids Res*, 10 : 539-546.

245. POUSSET J.L. (2004).
Plantes médicinales d'Afrique. Comment les reconnaître et les utiliser. Edisud ed, 284p.

246. POUSSET J.L. (2006).
Place des médicaments traditionnels en Afrique. *Med Trop*, 66 : 606-609.

247. PREISER P., WILLIAMSON D.H., WILSON R.J. (1995).
tRNA genes transcribed from the plastid-like DNA of *Plasmodium falciparum*. *Nucleic Acids Res*, 23 : 4329-4336.

248. PRICE R.N., NOSTEN F., LUXEMBURGER C., TER KUILE F.O., PAIPHUN L., HONGSUPHAJAISIDDHI T., WHITE N.J. (1996).
Effects of artemisinin derivatives on malaria transmissibility. *Lancet*, 347 : 1654-1658.

249. PUKRITTAYAKAMEE S., LOOAREESUWAN S., KEERATITHAKUL D., DAVIS T.M., TEJA-ISAVADHARM P., NAGACHINTA B., WEBER A., SMITH A.L., KYLE D., WHITE N.J. (1997).
A study of the factors affecting the metabolic clearance of quinine in malaria. *Eur J*

Clin Pharmacol, 52 : 487-493.

250. READ M, HYDE JE. (1988).

The use of human plasmas and plasma-depleted blood fractions in the *in vitro* cultivation of the malaria parasite *Plasmodium falciparum*. *Med Top Parasitol*, 39 : 43-44.

251. REY J. L., HOUDIER R., COULIBALY A, SORO B. (1987).

Situation du paludisme en Côte d'Ivoire. Résultats prélimnaires. *Pub Med Afr Revue Medicale de Côte d'Ivoire*, 78 : 14-18.

252. REYNOLDS M.G., ROOS D.S. (1998).

A biochemical and genetic model for parasite resistance to antifolates. Toxoplasma gondii provides insights into pyrimethamne and cycloguanil resistance in *Plasmodium falciparum*. *J Biol Chem*, 273 : 3461-3469.

253. RIDLEY R.G. (1998).

Malaria : Dissecting chloroquine resistance. *Curr Biol*, 8 : R346-R349.

254. RIDLEY R.G., HUDSON A.T. (1998).

Quinoline antimalarials. *Exp Op Therapeut Pat*, 8 : 121-136.

255. RIECKMANN K.H., CAMPBELL G.H., Sax, L.J., Mrema J.E. (1978).

Drug sensitivity of *P. falciparum*. An *in-vitro* microtechnique. *Lancet*, 1 : 22-23.

256. RIECKMANN K.H., LOPEZ-ANTUNAUO F.J. (1971).

Mode d'emploi du nécessaire d'épreuve pour l'évaluation de la réponse de *P. falciparum* à la chloroquine *in vitro*. *Bull Org Mond Santé*, 45 : 157-167.

257. ROETYNCK S, BARATIN M, VIVIER E, UGOLINI S. (2006).

Cellules natural killer et immunité innée contre le paludisme. *Med Sci*, 22 : 739-744.

258. ROGERSON S. J., HVID L., DUFFY P. E., LEKE R. F. G., TAYLOR D. W. (2007).

Malaria in pregnancy : pathogenesis and immunity. *Lancet Infect Dis,* 7 : 105-117.

259. ROSENTHAL P.J., NELSON R.G. (1992).

Isolation and characterization of a cysteine proteinase gene of *Plasmodium falciparum*.

Mol Biochem Parasitol, 51 : 143-152.

260. ROWE A.K., ROWE S.Y., SNOW R.W., KORENROMP E.L., SCHELLENBERG J.R.M.A., STEIN C., NAHLEN B.L., BRYCE J, BLACK R.E., STEKETEE R.W. (2006).

The burden of malaria mortality among African children in the year 2000. *Int J Epidemiol*, 35 : 691-704.

261. RUSSEL D.G. (1983).

Host cell invasion by Apicomplexa: an expression of the parasite's contractile system? *Parasitology*, 87: 199-209.

262. RYALL J. C. (1987).

Reversal of chloroquine resistance in *falciparum* malaria. *Parsitol Today*, 3 : 256.

263. SAMBROOK J., FRITSCH E. M., MANIATIS T. (1989).

Agarose gel electrophoresis in molecular cloning : a laboratory manual 2nd edition, cold spring harbor laboratory, Cold Spring Harbor, New York, 63p.

264. SANCHEZ C. P., WUNSCH S., LANZER M. (1997).

Identification of a chloroquine importer in *Plasmodium falciparum*. *J Biol Chem*, 272 : 2652-2658.

265. SAWADOGO M., VAN DYKE M.W. (1991).

A rapid method for the purification of deprotected oligodeoxynucleotides. *Nucleic Acids Res*, 19 : 674.

266. SCHLICHTHERLE M., WAHLGREN M., PERLMANN H., SCHERF A. (2000).

Methods in malaria research third Ed. MR4 / ATCC Manassas, Virginia 77p.

267. SCHOFIELD L, GRAU GE. (2005).

Immunological processes in malaria pathogenesis. *Nat Rev Immunol*, 5 : 722-735.

268. SCHUSTER FL. (2002).

Cultivation of *Plasmodium* spp. *Clin Microbiol Rev*, 15 : 355–364.

269. SCHWARTZ D.C., CANTOR C.R. (1984).
Separation of yeast chromosome-sized DNAs by pulsed field gradient gel electrophoresis. *Cell,* 37 : 67-75.

270. SCHWARZER E., SKOROKHOD O.A., BARRERA V., ARESE P. (2008).
Hemozoin and the human monocyte--a brief review of their interactions. *Parassitologia,* 50: 143-145.

271. SCRAGG IG, HENSMANN M, BATE CA, KWIATKOWSKI D. (1999).
Early cytokine induction by *Plasmodium falciparum* is not a classical endotoxin-like process. *Eur J Immunol,* 29 : 2636-2644.

272. SEIFERT K., CROFT S. L. (2006).
In Vitro and *In Vivo* Interactions between Miltefosine and Other Antileishmanial Drugs. *Antimicrob Agents Chemother,* 50 : 73-79.

273. SHARMA I., RAWAT D.S., PASHA S.T., BISWAS S., SHARMA Y.D. (2001).
Complete nucleotide sequence of the 6 kb element and conserved cytochrome b gene sequences among Indian isolates of *Plasmodium falciparum. Int J Parasitol,* 31 : 1107- 1113.

274. SIBLEY C.H., HYDE J.E., SIMS P.F.G., PLOWE C.V., KUBLIN J.G., MBERU E.K., COWMAN A.F., WINSTANLEY P.A., WATKINS W.M., NZILA A.M. (2001).
Pyrimethamne-sulfadoxine resistance in *Plasmodium falciparum* : what next? *Trends Parasitol,* 17 : 582-588

275. SIDEN-KIAMOS I. AND LOUIS C. (2004).
Interactions between malaria parasite and their mosquito hosts in the midgut. *Insect Biochem Mol Biol,* 34 : 679-685.

276. SIDHU A.B.S, VERDIER-PINARD D., FIDOCK D.A. (2002).
Chloroquine resistance in *Plasmodium falciparum* malaria parasites conferred by pfcrt mutations. *Science,* 298 : 210-213.

277. SILAMUT K., MOLUNTO P., HO M., DAVIS T.M., WHITE N.J. (1991).
Alpha 1-acid glycoprotein (orosomucoid) and plasma protein binding of quinine in falciparum malaria. *Br J Clin Pharmacol,* 32 : 311-315.

278. SIMPSON J.A., PRICE R., TER KUILE F., TEJA-ISAVATHARM P., NOSTEN F., CHONGSUPHAJAISIDDHI T., LOOAREESUWAN S., AARONS L., WHITE N.J. (1999).
Population pharmacokinetics of mefloquine in patients with acute *falciparum* malaria. *Clin Pharmacol Ther*, 66 : 472-84.

279. SINDEN R.E. (1983).
Sexual development of malaria parasites. *Adv Parasitol* ; 22 : 153-216.

280. SINDEN R.E., MATUSCHEWSKI K. (2005).
Molecular approches to malaria. Sherman, I (ed.). Washington DC : American Society for Microbiology Press, pp. 169-190.

281. SLOMIANNY C, PRENSIER G, CHARET P. (1985).
Ingestion of erythrocytic stroma by Plasmodium chabaudi trophozoites: ultrastructural study by serial sectioning and 3-dimensional reconstruction. *Parasitology*, 90 : 578-588.

282. SLUTSKER L.M., KHOROMANA C.O., PAYNE D., ALLEN C.R., WIRIMA J.J., HEYMANN D.L., PATCHEN L., STEKETEE R.W. (1990).
Mefloquine therapy for Plasmodium falciparum malaria in children under 5 years of age in Malawi: in vivo/in vitro efficacy and correlation of drug concentration with parasitological outcome. *Bull World Health Organ*, 68 : 53-59.

283. SMITH T.G., AYI K., SERGHIDES L., MCALLISTER C.D., KAIN K.C. (2002).
Innate immunity to malaria caused by *Plasmodium falciparum*. *Clin Invest Med*, 25 : 262-272.

284. SNOW R.W., GUERRA C.A, NOOR A.M., MYINT H.Y., HAY S.I. (2005).
The global distribution of clinical episodes *of Plasmodium falciparum* malaria. *Nature*, 434 : 214-217.

285. SOWUNMI A., ODUOLA A. OGUNDAHUNSI M. J., O. A. T., SALAKO L. A. (1998).
Comparative efficacy of chloroquine plus chlorpheniramne and pyrimethamne/ sulfadoxine in acute uncomplicated *falciparum* malaria in Nigerian children. *Trans R Soc Trop Med Hyg*, 92 : 77–81.

286. SPIELMAN A., PERRONE J.B., TEKLEHAIMANOT A., BALCHA F., WARDLAW S.C., LEVINE R.A. (1988).
Malaria diagnosis by direct observation of human of centrifuged samples of blood. *Am J Trop Med Hyg*, 39 : 337-342.

287. SRIVASTAVA I.K., ROTTENBERG H., VAIDYA A.B. (1997).
Atovaquone, a broad spectrum antiparasitic drug, collapses mitochondrial membrane potential in a malarial parasite. *J Biol Chem*, 272 : 3961-3966.

288. STEKETEE R.W., WIRIMA J. J., SLUTSKER L., HEYMANN D. L., BREMAN J. G. (1996).
The problem of malaria and malaria control in pregnancy in sub-Saharan Africa. *Am J Trop Med Hyg*, 55 : 2-7.

289. SULLIVAN D., GLUZMAN I. AND GOLDBERG D., (1996).
Plasmodium hemozoin formation mediated by histidine-rich proteins. *Science*, 271 : 219–222.

290. TALISUNA AO, BLOLAND P, D'ALESSANDRO U. (2004).
History, dynamics, and public health importance of malaria parasite resistance. *Clin Microbiol Rev*, 17 : 235-254.

291. TAN S. O., MCGREADY R., ZWANG J., PIMANPANARAK M., SRIPRAWAT K., THWAI K. L., MOO Y., ASHLEY E. A., EDWARDS B., SINGHASIVANON P., WHITE N. J., NOSTEN F. (2008).
Thrombocytopaenia in pregnant women with malaria on the Thai-Burmese border. *Malaria Journal*, 7 : 209-218.

292. TERASHIMA H., ICHIKAWA M. (2003).
A comparative ethnobotany of the Mbuti and Efe hunter-gatherers in the Ituri forest, Democratic Republic of Congo. *African Study Monographs*, 24 : 1-168.

293. THAITHONG S., CHAN S.W., SONGSOMBOON S., WILAIRAT.P., SEESOD N., SUEBLINWONG T., GOMAN M., RIDLEY R., BEALE G. (1992).
Pyrimethamne resistant mutation in *Plasmodium falciparum*. *Mol Biochem Parasitol*, 52 : 149-157.

294. THELLIER M., DATRY A., ALFA CISSE O., SAN C., BILIGUI S., SILVIE O., DANIS M. (2002).
Diagnosis of malaria using thick bloodsmears : definition and evaluation of a faster protocol with improved readability. *Ann Trop Med Parasitol*, 96 : 115-124.

295. TONA L., CIMANGA R.K., MESIA K., MUSUAMBA C.T., DE BRUYNE T., APERS S., HERMANS N., VAN MIERT S., PIETERS L., TOTTE J. & VLIETINCK A.J. (2004).
In vitro antiplasmodial activity of extracts and fractions from seven medicinal plants used in the Democratic Republic of Congo. *J Ethnopharmacol*, 93 : 27-32.

296. TOURE A. (2006).
Saponification de l'huile de BGG et formulation d'un savon antimicrobien. Mémoire de DEA. Biotechnologies et sciences des aliments option Pharmacologie des Substances Naturelles. Université de Cocody, UFR Biosciences, Abidjan, Côte d'Ivoire. 30p.

297. TOUZE J E., CHARMOT G. (1993).
Surveillance épidémiologique du paludisme instable. *Cahiers Santé*, 3 : 247-255.

298. TOUZE JE, CHAUDET H, BOURGADE A, FAUGERE B, HOVETTE P, AUBRY P, PENE P. (1989).
Aspect cliniques actuels et rôle de la densité parasitaire dans l'expression du paludisme à *Plasmodium falciparum*. *Bull Soc Exot*, 82 : 110-117.

299. TOUZE JE, FOURCADE L, PRADINES B, HOVETTE P., PAULE P., HENO PH. (2002).
Les modes d'action des antipaludiques. Intérêt de l'association atovaquone-proguanil. *Med Trop*, 62 : 219-224.

300. TRAGER W. (1990).
On the establishment in culture of isolates of *Plasmodium falciparum*. *Trans R Soc Trop Med Hyg*, 84 : 466p.

301. TRAGER W., JENSEN J.B. (1976).
Human malaria parasite in continuous culture. *Science,* 193 : 673-675.

302. TRAN C.V., SALER M.H. (2004).
The principal chloroquine resistance protein of Plasmodium falciparum is a member of the drug/metabolite transporter family. *Microbiology,* 150 : 1-3.

303. TRAPE JF, ROGIER C, KONATE L, DIAGNE N, BOUGANALI H, CANQUE B, LEGROS F, BUDDJI A, NDIAYE P, BRAHIMI K, FAYE D, DRUILHE P, DA SILVA LP. (1994).
The Dielmo project: A longitudinal study of natural malaria infection and the mechanics of protective immunity in a community living in a holoendemic area of Senegal. *Am J Trop Med Hyg*, 51 : 123-137.

304. TRIGG J. K., MBWANA H., CHAMBO O., HILLS E., WATKINS W., CURTIS C. F. (1997).
Resistance to pyrimethamne/sulfadoxine in *Plasmodium falciparum* in 12 villages in north east Tanzania and a test of chlorproguanil/dapsone. *Acta Trop,* 63 : 185-189.

305. TRIGLIA T., MENTING J.G.T., WILSON C., COWMAN A.F. (1997).
Mutations in the dihydropteroate synthase are responsible for sulfone and sulfonamide resistance in *Plasmodium falciparum. Proc Natl Acad Sci USA,* 94 : 13944-13949.

306. TU Y. (1981);
The awarded Chinese invention : Antimalarial drug Qinghaosu (in Chinese). *Rev World Invent*, 1 : 6.

307. VAN DER JAGT D.L., HUNRAKER L.A., CAMPOS N.M. (1987).
Comparison of protease from chloroquine sensitive and chloroquine resistant strains of *Plasmodium falciparum. Biochem Pharmacol,* 36 : 3285-3291.

308. VAN DER PLOEG L.H., SMITS M., PONNUDURAI T., VERMEULEN A., MEUWISSEN J.H., LANGSLEY G. (1985).
Chromosome-sized DNA molecules of *Plasmodium falciparum. Science,* 229 : 658-661.

309. VANDERBERG J P. (1975).
Development of infectivity by the *Plasmodium berghei* sporozoite. J Parasitol, 61 : 43-50.

310. VERDIER F, LE BRAS J, CLAVIER F, HATIN I, BLAYO MC. (1985).

Chloroquine uptake by *Plasmodium falciparum*-infected human erythrocytes during in vitro culture and its relationship to chloroquine resistance. *Antimicrob Agents Chemother*, 27 : 561-564.

311. WALKER-JONAH A., DOLAN S.A., GWADZ R W., PANTON L.J., WELLEMS T.E. (1992).

An RFLP map *Plasmodium falciparum* genome, recombination rates and favored linkage groups in a genetic cross. Mol Biochem Parasitol, 51 : 313-320.

312. WALLIKER D., QUAKYI I.A., WELLEMS T.E., MCCUTCHAN T.F., SZARFMAN A., LONDON W.T., CORCORAN L.M., BURKOT T. R., CARTER R. (1987).

Genetic analysis of the human malaria parasite *Plasmodium falciparum*. *Science*, 236 : 1661-1666.

313. WANG P., READ M., SIMS P.F., HYDE J.E. (1997).

Sulfadoxine resistance in the human malaria parasite *Plasmodium falciparum* is determined by mutations in dihydropteroate synthetase and an additional factor associated with folate utilization. *Mol Microbiol*, 23 : 979-986.

314. WARBURTON D. (1984).

Miscellaneous compounds in antimalarial drugs II. Current Antimalarials and New drugs Developments, 68/II Ed. Peters W., Richards W H G Springer-Verlag, 68, 471-495.

315. WARHURST D.C. (1986).

Antimalarial schizonticides : why a permease is necessary ? *Parasitol Today*, 2 : 331-333.

316. WARHURST D.C., CRAIG J.C., ADAGU I.S. (2002).

Lysosomes and drug resistance in malaria. *Lancet*, 360 : 1527-1529.

317. WELLEMS T.E., PLOWE C.V. (2001).

Chloroquine-resistant malaria. *J Infect Dis* ; 184 : 770-776.

318. WELLEMS T.E., WALLIKER D., SMITH C L., DO ROSARIO V.E., MALOY W.L., HOWARD R.J., CARTER R., MCCUTCHAN T.F. (1987).
A histidine-rich protein gene marks a linkage group favored strongly in a genetic cross of *Plasmodium falciparum*. *Cell*, 49 : 633-642.

319. WESTLING J., YOWELL C.A., MAJER P., ERICKSON J.W., DAME J.B., DUNN B.M. (1997).
Plasmodium falciparum, *P. vivax*, and *P. malariae*: a comparison of the active site properties of plasmepsins cloned and expressed from three different species of the malaria parasite. *Experimental Parasitology*, 87 : 185-193

320. WHITTEN M. M. A., SHIAO S. H., LEVASHINA E. A. (2006).
Mosquito midgut and malaria: cell biology, compartmentalization and immunology. *Parasite Immunol*, 28 : 121-130.

321. WINKLER J.D., LONDREGAN A.T., HAMANN M.T. (2006).
Antimalarial activity of a new family of analogues of manzamine A. Org Lett, 8 : 2591-2594.

322. WINSTANLEY P.A., COLEMAN J.W., MAGGS J.L., BRECKENRIDGE A.M., PARK B.K. (1990).
The toxicity of amodiaquine and its principal metabolites towards mononuclear leucocytes and granulocyte/monocyte colony formng units. *Br J Clin Pharmacol*, 29 : 479-485.

323. WORLD HEALTH ORGANIZATION (1990).
In vitro microtest (MARK II) for the assessment of the response of *Plasmodium falciparum* to chloroquine, mefloquine, quinine, sulfadoxine/pyrimethamne and amodiaquine. WHO: Geneva, Switzerland.

324. WORLD HEALTH ORGANIZATION (2000).
Severe *falciparum malaria*. *Trans R Soc Trop Med Hyg*, 94 : s1-s90.

325. WORLD HEALTH ORGANIZATION (2002).
World Health Report : Reducing risks, Promoting Healthy Life. 248p.

326. WORLD HEALTH ORGANIZATION(2008).
World Malaria Report 2008. "WHO/HTM/GMP/2008.1", 215p.

327. WRIGHT A.D., WANG H., GURRATH M., KÖNIG G.M., KOCAK G., NEUMANN G., LORIA P., FOLEY M., TILLEY L. (2001).
Inhibition of heme detoxification processes underlies the antimalarial activity of terpene isonitrile compounds from marine sponges. *J Med Chem*, 44 : 873-85.

328. YAVO W., MENAN, E. I. H., ADJETEY T.A.K., BARRO KIKI P.C., NIGUE L., KONAN, Y.J., NEBAVI N.G.F., KONE M. (2002).
In vivo sensitivity of *Plasmodium falciparum* to 4 amino quinoleines and pyrimethamne-sulfadoxine in Agou (Cote d'Ivoire). *Path Biol*, 50 : 184-188.

329. YAYON A., CABANTCHIK Z. I., GINSBURG H. (1984).
Identification of the acidic compartment of *P. falciparum*-infected human erythrocytes as the target of the antimalarial drug chloroquine. *EMBO J*, 3 : 2695-2700.

330. YUVANIYAMA J., CHITNUMSUB P., KAMCHONWONGPAISAN S., VANICHTANANKUL J., SIRAWARAPORN W., TAYLOR P., WALKINSHAW M. D., YUTHAVONG Y. (2003).
Insights into antifolate resistance from malarial DHFR-TS structures. *Nature*, 10 : 357-365.

331. ZHANG H., HOWARD E.M., ROEPE P.D. (2002).
Analysis of the antimalarial drug resistance protein Pfcrt expressed in yeast. *J Biol Chem*, 277 : 49767-49775.

332. ZIRIHI G.N. (1991).
Contribution au recensement à l'identification et à la connaissance de quelques espèces végétales utilisées en médicine traditionnelles chez les bété du département d'Issia, Côte d'Ivoire. Thèse de doctorat de 3ème cycle. Botanique. Université de Cocody, U.F.R. Biosciences. Abidjan, Côte d'Ivoire. 253 p.

333. ZIRIHI G.N., MAMBU L., GUÉDÉ-GUINA F., BODO B., GRELLIER P. (2005a).
In vitro antiplasmodial activity and cytotoxicity of 33 West African plants used for treatment of malaria. *J Ethnopharmacol*, 98 : 281-285.

334. ZIRIHI G.N., GRELLIER P., GUEDE-GUINA F., BODO B., MAMBU L. (2005b).
Isolation, characterization and antiplasmodial activity of steroidal alkaloids from Funtumia elastica (Preuss) Stapf. *Bioorg Med Chem Lett*, 15 : 2637-40.

335. ZOGUEREH D.D., DELMONT J. (2000).
Les médicaments antipaludiques et leurs modes d'emploi en milieu africain. *Cahiers Santé*, 10 : 425-433.

ANNEXES

Annexe I : Activité antiplasmodiale d'*Olax subscorpioidea* (OLSU) et de *Morinda morindoides* (BGG)

Médecine d'Afrique Noire
Edition électronique
Novembre 2009

ACTIVITE ANTIPLASMODIALE DE *OLAX SUBSCORPIOIDEA* Oliv. ET *MORINDA MORINDOIDES* Bak. Milne-Redh DEUX PLANTES DE LA PHARMACOPEE IVOIRIENNE

KIPRE G.R.[1], GUEDE-GUINA F.[1], GRELLIER P[3], DJAMAN A.J.[1,2]

RESUME

En Côte d'Ivoire, le paludisme constitue 30 à 40 % des états morbides et représente 10 % de toutes les causes de mortalité. Le développement considérable et rapide des résistances aux médicaments usuels tels que la chloroquine nécessite la découverte de nouvelles molécules de sources naturelles efficaces à long terme sur le Plasmodium.
Cette étude présente les résultats de l'utilisation de l'extrait et fractions deux plantes traditionnelles, *Olax subscorpioidea* de la famille des Olacaceae et *Morinda morindoides* de la famille des Rubiaceae, comme antipaludiques. Nous avons ainsi pu constater que :
1. La culture in vitro de la souche F32, *Plasmodium falciparum* sensible à la chloroquine, sur milieu RPMI 1640 en présence de l'extrait d'acétate d'éthyle de oisu donne une inhibition de la maturation des trophozoïtes, avec une CI50 moyenne égale à 32,47 ± 0,31 μg/ml, et une CI50 de 6,12 ± 0,27 μg/ml avec l'extrait d'acétate d'éthyle de bgg.
2. Dans les mêmes conditions de culture les souches chloroquinorésistantes FCB1 et K1 donne respectivement en présence des mêmes extraits d'oisu et bgg une inhibition de la maturation à CI50 moyenne égale à 28,04 ± 0,21 μg/ml et 4,88 ± 0,87 μg/ml pour FCB1 puis 28,14 ± 1,01 μg/ml et 6,12 ± 0,27 μg/ml pour K1.
Ces résultats permettent d'avancer que les extraits d'acétate d'éthyle de oisu et bgg ont un réel effet et une activité aussi bien sur les souches chloroquinosensibles que les souches chloroquinorésistantes.
Mots-clés : Olax subscorpioidea, Morinda morindoides, Plasmodium falciparum.

SUMMARY
Ant malaria activity of *olax subscorpioidea* Oliv and *morinda morindoides* Bak. Milne-Redh two plants of Ivoirian pharmacopeia

In Ivory Coast, the transmission of malaria is permanent with seasonal peaks during which malaria constitutes 30 to 40% of the morbid states and accounts for 10% of all the causes of mortality. The considerable and fast development of resistances to the usual drugs such as chloroquine requires the discovery of new molecules of effective natural sources in the long run on Plasmodium. Our work on the use of the extracts of traditional plants, *Olax subscorpioidea* (olsu) and *Morinda morindoides* (bgg), as antimalarial enabled us to note that:
1. In vitro culture of *Plasmodium falciparum* strain F32, sensitive to chloroquine, on medium RPMI 1640 in the presence of the ethyl acetate extract of olsu gives an inhibition of the maturation of the trophozoïtes, with an average IC50 equalizes with 32,47 ± 0,31 μg/ml, and a IC50 of 6,12 ± 0,27 μg/ml with the ethyl acetate extract of bgg.
2. The culture under the same conditions of strains FCB1 and K1, resistant to chloroquine, respectively gives in the presence of the same extracts olsu and bgg an inhibition of maturation with average IC50 equalizes with 28,04 ± 0,21 μg/ml and 4,88± 0,87μg/ml for FCB1 and 28,14 ± 1,01 μg/ml et 6,12 ± 0,27 μg/ml for K1.
These results make it possible to advance that the extract of ethyl acetate of olsu and bgg have a real effect and an activity on P. falciparum strains resistant and sensitive.
Keywords: Olax subscorpioidea, Morinda morindoides, Plasmodium falciparum.

---

1. Laboratoire de Pharmacodynamie-biochimique, UFR Biosciences, Université de Cocody, Abidjan, Côte d'Ivoire.
2. Laboratoire de Biochimie, Institut Pasteur de Côte d'Ivoire, Abidjan, Côte d'Ivoire.
3. USM 0504"Biologie fonctionnelle des protozoaires" EA 3335 Département "Régulation, Développement, Diversité Moléculaire" Museum National d'Histoire Naturelle, Paris, France.

Activité antiplasmodiale...

INTRODUCTION

Le paludisme demeure actuellement la parasitose la plus meurtrière dans le monde surtout dans les pays en voie de développement [1].
Cette maladie est transmise par la femelle d'un moustique du genre anophèles et causée par un protozoaire du genre Plasmodium. Jusqu'à très récemment quatre espèces plasmodiales étaient connues chez l'homme à savoir *Plasmodium falciparum, P. malariae, P. ovale, P. vivax* [2].
Une cinquième espèce, *Plasmodium knowlesi*, a été mis en évidence chez des patients souffrant de paludisme en Asie [3, 4, 5].
Des cinq espèces plasmodiales, seule *P. falciparum*, la plus répandue en Côte d'Ivoire, entraîne la mort de milliers de personnes, surtout des enfants [6].
L'apparition et l'extension des souches de *P. falciparum* résistantes aux antipaludiques actuellement disponibles tel que la chloroquine, un antipaludique de très grande référence par son coût et la fréquence de sa prescription, aggravent le pronostic de cette pathologie [7].
L'impact et la gravité de cette parasitose sur la santé publique nécessitent la découverte de nouvelles molécules efficaces sur les souches chloroquinorésistantes.
Dans cette étude, nous nous sommes proposés d'évaluer l'action antiplasmodiale des extraits de *Olax subscorpioidea* (famille des Olacaceae), de Côte d'Ivoire qui présente un intérêt thérapeutique antiplasmodial [8], et *Morinda morindoides* (famille des Rubiaceae) utilisé traditionnellement contre les accès palustres.

MATERIEL ET METHODES

Matériels

Le matériel végétal utilisé est constitué d'extraits éthanoliques et fractions issues de ces extraits de *M. morindoides* (bgg) et *O. subscorpioidea* (olsu), deux plantes traditionnellement utilisées sous forme de décoction dans le traitement du paludisme en Côte d'Ivoire.
A côté de ces extraits et fractions nous avons aussi utilisé la chloroquine (CQ) pour test témoins.
Quant au matériel biologique, il est constitué de sang humain parasité par des souches de laboratoire F32 (souche sensible à la chloroquine et à la pyriméthamine isolée en Tanzanie), FCB1 (souche résistante à la chloroquine isolée en Colombie) et K1 (souche résistante à la chloroquine isolée en Thaïlande).
Le milieu de culture utilisé pour les tests in vitro est le RPMI 1640 (Roswell Park Memorial Institute 1640) complémenté de 25 mM d'HEPES, d'une solution de bicarbonate de sodium à 5 % et de sérum humain à 10 % (O+).

Méthodes

Préparation des extraits

Cinquante grammes (50 g) de poudre de feuilles séchées à l'ombre à température ambiante de chaque plante sont macérés pendant 24 h dans 300 ml d'éthanol. Après filtration, évaporation et séchage on obtient l'extrait éthanolique (extrait A). L'extrait éthanolique de chaque plante a subi le fractionnement suivant :
Dix grammes sont dissous dans 100 ml d'eau distillée auxquels nous avons ajouté 100 ml de cyclohexane et nous avons laissé décanter 30 min. Après décantation la phase de cyclohexane est séchée pour donner un extrait noté extrait B. La phase aqueuse est reprise avec 100 ml d'acétate d'éthyle suivi d'une nouvelle décantation de 30 min. La phase acétalique est séchée et nous avons obtenu l'extrait C. La phase aqueuse est de nouveau reprise par 100 ml de n-butanol. Après décantation nous avons obtenu deux phases, phase n-butanol et phase aqueuse, qui sont séchées pour donner l'extrait n-butanol (extrait D) et l'extrait aqueux (extrait E).
Nous avons dissous 62,5 mg de poudre de olsu ou bgg dans 10 ml d'éthanol et avons obtenu une solution mère de concentration C0 = 6,25 mg/ml. Ensuite 1 ml de cette solution-mère a été additionnée à 9 ml de milieu de culture pour donner une solution-fille de concentration C1 = 0,625 mg/ml.
Cette solution a été utilisée pour les doubles dilutions et nous avons obtenu des concentrations finales de bgg et olsu variant de 0,97 à 125 µg/ml.

Préparation de la chloroquine

Nous avons préparé une solution-mère de chloroquine de concentration C0 = 5 mg/ml par dissolution de 5 mg de sulfate de chloroquine dans 1 ml d'eau bi-distillée [9].

15 µl de cette solution ont été mélangés à 2,5 ml de milieu de culture, nous avons ainsi obtenu une première solution-fille de concentration C1 = 30 µg/ml. Enfin 500 µl de cette solution-fille, ont été mélangés à 4,5 ml de milieu de culture pour donner une deuxième solution-fille de concentration C2 = 3 µg/ml. C'est cette solution qui a été utilisée pour les doubles dilutions après filtration sur filtre millipore (0,22µm).
Les concentrations finales de chloroquine variaient ainsi de 12,5 à 1600 nM.

Tests in vitro

Pour les tests in vitro sur P. falciparum, nous avons utilisé la variante isotopique du microtest (plaque de 96 puits) de Rieckmann adopté par l'O.M.S. [10]. Elle permet de mesurer et de quantifier la capacité des doses croissantes d'une drogue à inhiber la croissance de P. falciparum au stade trophozoïtes.
Dans cette technique, les souches provenant de cultures en continu sont incubées à 37°C dans un environnement appauvri en oxygène et enrichi en dioxyde de carbone avec une humidité d'environ 95 %.

Après 24 heures, les plaques sont sorties et on ajoute de l'hypoxanthine tritiée concentrée à 0,5 µCi/puits. Les plaques sont à nouveau remises dans l'incubateur pour 24 heures supplémentaires.
Après le temps d'incubation les plaques sont congelées et décongelées. La congélation et décongélation des plaques permettent de libérer l'ADN plasmodial radio-marqué par l'hypoxanthine tritiée. L'ADN est recueilli après lavage sur un papier filtre de fibre de verre en bande rectangulaire à l'aide d'un collecteur cellulaire. Une fois la collecte terminée, le papier est retiré et mis à sécher.
La radioactivité est mesurée à l'aide d'un compteur Wallac MicroBeta. Tous les résultats sont exprimés à la fin du comptage et les listings permettent l'exploitation des résultats.

RESULTATS

Les résultats de l'essai antiplasmodial in vitro de l'extrait éthanolique et des quatre fractions provenant de olsu et bgg sont présentés dans le tableau I.

Tableau I : Activité antiplasmodiale de l'extrait éthanolique de Olax subscorpioidea (olsu) et Morinda morindoides sur des souches Plasmodium falciparum

		CI_{50} en µg/ml (*n = 3)		
		F32	FCB1	K1
Bgg	A	18,57 ± 1,58	15,63 ± 0,51	17,87 ± 0,58
	B	46,48 ± 0,48	43,32 ± 2,53	≥ 50
	C	6,12 ± 0,27	4,88 ± 0,09	6,12 ± 0,27
	D	17,20 ± 1,28	18,89 ± 0,66	21,50 ± 0,57
	E	≥ 50	≥ 50	≥ 50
Olsu	A	46,47 ± 0,25	47,95 ± 0,64	≥ 50
	B	≥ 50	≥ 50	≥ 50
	C	32,47 ± 0,31	28,04 ± 0,22	28,14 ± 1,01
	D	≥ 50	≥ 50	≥ 50
	E	≥ 50	≥ 50	≥ 50
CQ		39,75 ± 3,52 nM	105,05 ± 2,87 nM	115,32 ± 2,76 nM

* nombre de tests réalisés

Il apparaît dans nos conditions expérimentales que les extraits éthanoliques de olsu et bgg possèdent une action antiplasmodiale (CI50 < 50 µg/ml) aussi bien sur les souches sensibles que résistantes avec une meilleure activité pour l'extrait de bgg (18,57 µg/ml sur F32 et 15,63 µg/ml sur FCB1).

Des quatre fractions issues de l'extrait éthanolique de olsu seule la fraction d'acétate d'éthyle possède une action antiplasmodiale sur F32 (32,47 µg/ml), FCB1 (28,04 µg/ml) et K1 (28,14 µg/ml), toutes les autres fractions étant sans activité (CI50 > 50 µg/ml).

Les fractions issues de bgg, à l'exception de la fraction aqueuse CI50 >50 µg/ml, possèdent toutes une action schizonticide car possédant une CI50 inférieure à 50 µg/ml sur F32, FCB1 et K1. Cependant la meilleure activité revient à la fraction d'acétate d'éthyle qui a les plus petites CI50 (6,12 µg/mi sur F32, 4,88 µg/ml sur FCB1 et 6,12 µg/mi sur K1).

DISCUSSION

En médecine traditionnelle africaine et spécialement ivoirienne, les plantes sont très souvent utilisées pour combattre le paludisme. Deux de ces plantes O. subscorpioidea (olsu) et M. morindoides (bgg) ont été étudiées pour leur utilisation fréquente en thérapeutique traditionnelle. Nous avons ainsi montré que les extraits éthanoliques de olsu et bgg possèdent une activité sur les souches résistantes et sensibles (tableau I). Cette action antiplasmodiale pourrait justifier l'utilisation de ces plantes dans le traitement des fièvres et/ou du paludisme.

Le fractionnement des extraits éthanoliques nous a permis de séparer des groupes de molécules possédant une intéressante activité schizonticide sur les souches de P. falciparum. Ainsi les fractions d'acétate d'éthyle de olsu (CI50 moyenne = 29,55 ± 0,51 µg/ml) et bgg (CI50 moyenne 5,71 ± 0,21µg/ml) sont les fractions ayant les meilleures activités antiplasmodiales sur les souches de laboratoire. Les travaux de TONA en 2004 sur l'activité antiplasmodiale de M. morindoides avaient donné de très bons résultats avec les fractions d'éther de pétroie (1,8 ± 0,2 µg/ml) et d'alcool isoamylique (8,8 ± 2,5 µg/ml) [11].

La fraction acétalyque, renfermant les composés moyennement polaires, nous pouvons dire que ce sont ce groupe de molécules qui confèrent à ces plantes leur efficacité contre le paludisme. Les actions de ces fractions sont plus prononcées sur la souche chloroquinorésistante FCB1.

La résistance avérée de P. falciparum à la chloroquine et l'expansion de cette résistance à d'autres antipaludiques commerciales sont actuellement un problème dans la lutte contre le paludisme dans les pays africains [12].

Cette situation oblige les chercheurs à élaborer de nouveaux principes actifs.

Il n'est pas impossible qu'une série de fractionnement de cette fraction acétalique nous permette d'avoir une activité antiplasmodiale améliorer et voire même l'isolement de la molécule active de ces deux plantes.

CONCLUSION

La résistance de P. falciparum à la chloroquine est actuellement un problème dans la lutte contre le paludisme dans les pays africains. Cette situation nécessite la prise en considération du savoir traditionnel dans la lutte contre cette endémie.

Notre étude a montré que des fractions de plantes médicinales utilisées contre les fièvres et/ou paludisme possèdent une activité contre la forme sanguine de P. falciparum chloroquinorésistant.

Des études devront être menées sur l'étude de la cytoxicité des fractions acétalyques de bgg et olsu afin d'évaluer leur niveau de toxicité avant d'envisager une future utilisation.

Dans le but de développer une meilleure formulation et posologie des antipaludiques à bases de plantes, une collaboration devrait être développée entre les garants du savoir ancestral et les différents laboratoires de recherche. C'est à ce prix que l'Afrique et particulièrement la Côte d'Ivoire pourra tirer un meilleur profit de sa flore.

REFERENCES

1 - MABUNDA S. CASIMIRO S. QUINTO L. ALONSO P. A country-wide malaria survey in Mozambique. I. Plasmodium falciparum infection in children in different epidemiological settings. Malar. J. 2008, 7 : 216-228.

2 - LEVINE N.D. Progress in taxonomy of Apicomplexa protozoa. J. Potozool., 1988, 35, 518-520.

3 - COX-SINGH J. et SINGH B. Knowlesi malaria : newly emergent and of public health importance ? Trends Parasitol., 2008, 24 : 406-410.

4 - BRONNER U., DIVIS C.S., FARNERT A. et coll. Swedish traveler with Plasmodium knowlesi malaria after visiting Malaysian Borneo. Malar J.,

2009, 8 : 15-20.
5 - LEE K.S, COX-SINGH J., SINGH B. Morphological features and differential counts of *Plasmodium knowlesi* parasites in naturally acquired human infections. *Malar J*, 2009, 8 : 73-92.
6 - YAVO W., ACKRA K.N., MENAN E.I. et coll. Comparative study of four malaria diagnostic technique used in Ivory Coast. *Bull. Soc. Pathol. Exot.*, 2002, 95, 238-240.
7 - KONE M., KONE P., HOUDRIER M. et coll. Evaluation in vitro de la sensibilité de *Plasmodium falciparum* à la chloroquine à Abidjan. *Bull. Soc. Pathol. Exit.*, 1990, 83, 187-192.
8 - DJAMAN A.J., DJE M.K et GUEDE-GUINA F. Evaluation d'une action antiplasmodiale de *Olax subscorpioidea* (Ofv) sur des souches chloroquinorésistantes de *Plasmodium falciparum*. *Rev. Med. Pharm. Afr*, 2002, 11-12, 177-183.

9 - BASCO L.K. *Plasmodium sp.* Humains : Recherche d'antipaludiques nouveaux et étude des chimiorésistances au niveau moléculaire : Thèse de Doctorat en Parasitologie de l'Université René Descartes de Paris : Série Pharmacie, 491p.
10 - RIECKMANN K.H., CAMPBELL G.H., SAX L.J. et coll. Drug sensitivity of *Plasmodium falciparum* : An in-vitro microtechnique. *Lancet*, 1978, 1, 22-23.
11 - TONA L., CIMANGA R.K., MESIA K. et coll. In vitro antiplasmodial activity of extracts and fractions from seven medecinal plants used in the Democratic Republic of Congo. *J. Ethnopharmacol.*, 2004, 27-32.
12 - MARIA C.M., ANA P.M., MILENE G. et coll. Antimalarial activity of medicinal plants used in traditional medicine in S. Tomé and Principe Islands. *J. Ethnopharmacol*, 2002, 81, 23-29.

Retrouvez
« Médecine d'Afrique Noire »
sur internet
www.santetropicale.com/manelec/afo/index.asp

Annexe II : Evaluation de l'activité antiplasmodiale d'*Olax subscorpioidea* (OLSU) et de *Morinda morindoides* (BGG)

Revue Méd. Pharm. Afr., Vol. 21 2008

3 - EVALUATION DE L'ACTIVITE ANTIPLASMODIALE DE *OLAX SUBSCORPIOIDEA* ET *MORINDA MORINDOIDES* SUR DES SOUCHES DE *PLASMODIUM FALCIPARUM* EN CULTURE *IN VITRO*

PAR : KIPRE Gueyraud, R[*]. ; BAGRE, I[**]. ; OUATTARA, L[*]. ; BAHI, C[*]. ; DJAMAN, A[**] ; GRELLIER, P[***]. ; GUEDE-GUINA, F[*].

RESUME : Nos travaux sur l'utilisation des extraits de plantes traditionnelles, *Olax subscorpioidea* (OLSU) et *Morinda morindoides* (BGG), comme antipaludiques nous ont permis de constater que :
1 - la culture *in vitro* de la souche F32, *Plasmodium falciparum* sensible à la chloroquine, sur milieu RPMI 1640 en présence de l'extrait d'acétate d'éthyle de OLSU donne une inhibition de la maturation des trophozoïtes, avec une CI_{50} moyenne égale à $32,47 \pm 0,31$ μg/ml, et une CI_{50} de $6,12 \pm 0,27$ μg/ml avec l'extrait d'acétate d'éthyle de BGG.
2 - la culture dans les mêmes conditions de la souche chloroquinorésistante FCB1 donne respectivement en présence des mêmes extraits de OLSU et BGG une inhibition de la maturation à CI_{50} moyenne égale à $28,04 \pm 0,21$ μg/ml et $4,88 \pm 0,87$ μg/ml.

MOTS CLES : *OLAX SUBSCORPIOIDEA* ; *MORINDA MORINDOIDES* ; *PLASMODIUM FALCIPARUM* ; SOUCHES CHLOROQUINORESISTANTES ; SOUCHES CHLOROQUINOSENSIBLES

SUMMARY : Our work on the use of the extracts of traditional plants, *Olax subscorpioidea* (OLSU) and *Morinda morindoides* (BGG), as antimalarial enabled us to note that :
1 - *in vitro* culture of *Plasmodium falciparum* strain F32, sensitive to chloroquine, on medium RPMI 1640 in the presence of the ethyl acetate extract of olsu gives an inhibition of the maturation of the trophozoïtes, with an average IC50 equalizes with $32,47 \pm 0,31$ μg/ml, and a IC50 of $6,12 \pm 0,27$ μg/ml with the ethyl acetate extract of BGG.
2 - the culture under the same conditions of strain FCB1, resistant to chloroquine, respectively gives in the presence of the same extracts OLSU and BGG an inhibition of maturation with average IC50 equalizes with $28,04 \pm 0,21$ μg/ml and $4,88 \pm 0,87$ μg/ml.

KEY WORDS : *OLAX SUBSCORPIOIDEA* ; *MORINDA MORINDOIDES* ; *PLASMODIUM FALCIPARUM* ; STRAINS SENSITIVE ; STRAINS RESISTANT.

---

[*] Laboratoire de Pharmacodynamie-biochimique, UFR Biosciences, Université de Cocody, 22 BP 582 Abidjan 22
[**] Laboratoire de Biochimie, Institut Pasteur de Côte d'Ivoire, BP V 490 Abidjan
[***] USM 0504 Biologie Fonctionnelle des Protozoaires EA 3335 Département Régulation, Développement, Diversité Moléculaire, Muséum National d'Histoire Naturelle, Case Postale 52, 61 Rue Buffon, 75231 Paris Cedex 05, France.
1 – Correspondance à Bagré Issa, 22 BP 582 Abidjan 22, bagrefreefr@yahoo.fr

29

I - INTRODUCTION

Le paludisme demeure actuellement, la parasitose la plus meurtrière dans monde surtout dans les pays en voie de développement (OMS, 2002). Cette maladie est transmise par la femelle d'un moustique du genre *Anopheles* et caus par un protozoaire du genre *Plasmodium* dont quatre espèces parasitent l'homme savoir *Plasmodium falciparum, P. malariae, P. ovale, P. vivax* (Levine, 1988).

Des quatre espèces plasmodiales, seule *P. falciparum*, la plus répandue en C d'Ivoire, entraîne la mort de milliers de personnes, surtout des enfants (Yavo et C 2002).

L'apparition et l'extension des souches de *P. falciparum* résistantes antipaludiques actuellement disponibles tel que la chloroquine, un antipaludique de grande référence par son coût et la fréquence de sa prescription, aggravent le pronos de cette pathologie (Koné et Coll., 1990).

En Côte d'Ivoire, la transmission du paludisme est permanente avec des p saisonniers pendant lesquels le paludisme constitue 30 à 40% des états morbide représente 10% de toutes les causes de mortalité.

L'impact et la gravité de cette parasitose sur la santé publique nécessitent découverte de nouvelles molécules efficaces sur les souches chloroquinorésistantes. Dans cette étude, nous nous sommes proposés d'évaluer l'action antiplasmodiale extraits de *Olax subscorpioidea* (OLSU), une Olacacée de Côte d'Ivoire qui présente intérêt thérapeutique antiplasmodiale (Djaman et Coll., 1998), et *Morinda morindo* (BGG) une Rubiacée utilisé traditionnellement contre les accès palustres.

II - MATERIEL ET METHODES

2 - 1 Matériels

Le matériel végétal utilisé est constitué d'extraits et fractions de OLSU et BC deux plantes traditionnellement utilisées dans le traitement du paludisme.

Quant au matériel biologique, il est constitué de sang humain parasité par souches de laboratoire FCB1 (souche résistante à la chloroquine isolée en Colombie F32 (souche sensible à la chloroquine isolée en Tanzanie).

Le milieu de culture utilisé pour les tests *in vitro* est le RPMI 1640 (Ros Park Memorial Institute 1640) complémenté de 25 mM d'HEPES, d'une solutio bicarbonate de sodium à 5% et de sérum humain à 10%.

2 - 2 Méthodes
* Préparation des extraits.

Cinquante grammes (50g) de poudre de feuilles séchées de chaque plante s macérés pendant 24 h dans 300 ml d'éthanol. Après filtration, évaporation et séchage obtient l'extrait éthanolique (extrait A). L'extrait éthanolique de chaque plante à subi fractionnement suivant :

EVALUATION DE L'ACTIVITE ANTIPLASMODIALE DE *OLAX SUBSCORPIOIDEA*

dix grammes de chaque extrait sont dissouts séparément dans 100 ml d'eau distillée auquel on ajoute 100 ml de cyclohexane et on laisse décanter 30 min. Après décantation la phase de cyclohexane est séchée pour donner un extrait noté extrait B. La phase aqueuse est reprise dans 100 ml d'acétate d'éthyle suivit d'une nouvelle décantation à 30 min. La phase acétalique est séchée et on obtient l'extrait C. La phase aqueuse est de nouveau reprise par 100 ml de n-butanol. Après décantation on obtient deux phases, phase n-butanol et phase aqueuse, qui sont séchées pour donner l'extrait n-butanol

Des quatre fractions issues l'extrait éthanolique de OLSU seule la fraction d'acétate d'éthyle possède une action antiplasmodiale sur F32 (32,47 µg/ml) et FCB1 (28,04 µg/ml), toutes les autres fractions étant sans activité ($CI_{50} < 50$ µg/ml).
Les fractions issues de BGG, à l'exception de la fraction aqueuse $CI_{50} = 50$ µg possèdent toutes une action schizonticide car possédant une CI_{50} inférieure à 50 µg sur F32 et FCB1. Cependant la meilleure activité revient à la fraction d'acétate d'éthyle qui a les plus petites CI_{50} (6,12 µg/ml sur F32 et 4,88 µg/ml sur FCB1).

IV - DISCUSSION

Dans la médecine traditionnelle ivoirienne, les plantes sont souvent utilisées pour combattre le paludisme. Deux de ces plantes ont été testées pour leur activité antiplasmodiale.
Les extraits éthanoliques de OLSU et BGG possèdent une activité sur souches résistantes et sensibles (Tableau I). Cette action antiplasmodiale peut justifier l'utilisation de ces plantes dans le traitement des fièvres et/ou du paludisme.
Le fractionnement des extraits éthanoliques nous a permis de séparer des groupes de molécules possédant une meilleure activité schizonticide. Ainsi la fraction d'acétate d'éthyle de OLSU et BGG est la fraction ayant une meilleure activité antiplasmodiale. La fraction acétalique, renfermant les composés peu polaires et moyennement polaire, nous pouvons dire que ce sont ces groupes de molécules confèrent à ces plantes leur efficacité contre le paludisme. L'action de cette fraction est plus prononcée sur la souche chloroquinorésistante FCB1. Cette fraction de OLSU et BGG pourrait donc être utilisée pour palier la résistance de *P. falciparum* à la chloroquine. Une série de fractionnement de la fraction acétalique nous permettra d'avoir une activité antiplasmodiale améliorer et voire même l'isolement de la molécule active de ces deux plantes.

V - CONCLUSION

La résistance de *P. falciparum* à la chloroquine est actuellement problème dans la lutte contre le paludisme dans les pays africains (Maria et Coll., 2002). Cette situation nécessite la prise en considération du savoir traditionnel dans la lutte contre cette endémie.
Notre étude a montré que des fractions de plantes médicinales utilisées contre fièvres et/ou paludisme possèdent une activité contre la forme sanguine de *falciparum* chloroquinorésistant.
Dans le but de développer une meilleure formulation et posologie antipaludiques à bases de plantes, une collaboration devrait être développer entre garants du savoir ancestral et les différents laboratoires de recherche. C'est à ce prix que l'Afrique et particulièrement la Côte d'Ivoire pourra tirer un meilleur profit de sa flore

BIBLIOGRAPHIE

1 – DJAMAN, A.J. ; DJE, M.K. ; GUEDE-GUINA, F. (2002) : Evaluation d'un action antiplasmodiale de *Olax subscorpioïdea* (*Oliv*) sur des souches chloroquinorésistantes de *Plasmodium falciparum*. Rev. Med. Pharm. Afr., n° 12, pp177-183.

2 – KONE, M. ; KONE, P. ; HOUDRIER, M. (1990) : Evaluation *in vitro* de la sensibilité de *Plasmodium falciparum* à la chloroquine à Abidjan. Bull. Soc. Pathol. Exit., n°83, pp187-192.

3 – LEVINE, N.D. (1988) : Progress in taxonomy of *Apicomplexa* protozoa. J. Potozool., n°35, pp518-520.

4 – MARIA, C.M. ; ANA, P.M. ; MILENE, G. (2002) : Antimalarial activity of medicinal plants used in traditional medicine in S. Tomé and Principe Islands. J. Ethnopharmacol., n°81, pp23-29.

5 - O.M.S. (2002) : Surveillance de la résistance aux antipaludiques, rapport d'une consultation de l'O.M.S, Genève, Suisse, WHO / CD. n° 17, 35p.

6 – RIECKMANN, K.H. ; CAMPBELL, G.H. ; SAX, L.J. (1978) : Drug sensitivity of *Plasmodium falciparum* : An *in vitro* microtechnique. Lancet, n°1, pp22-23.

7 – YAVO, W. ; ACKRA, K.N. ; MENAN, E.I. (2002) : Comparative study of four malaria diagnostic technique used in Ivory Coast. Bull. Soc. Pathol. Exot., n°95, pp238-240.

Tableau 1 : Activité antiplasmodiale de l'extrait éthanolique de Olax subscorpioidea (OLSU) et *Morinda morindoides* (BGG) sur des souches *Plasmodium falciparum*.

Plantes	Extraits/fraction	CI_{50} (µg/ml) n = 3	
		F32	FCB1
OLSU	A	46,47 ± 0,25	47,72 ± 0,64
	B	> 50	> 50
	C	32,47 ± 0,31	28,19 ± 0,22
	D	> 50	> 50
	E	> 50	> 50
BGG	A	18,57 ± 1,48	15,63 ± 0,51
	B	46,48 ± 0,58	43,31 ± 2,53
	C	6,12 ± 0,27	4,88 ± 0,09
	D	17,2 ± 1,28	18,89 ± 0,66
	E	> 50	> 50

Annexe III : Publication sur le rôle de la densité parasitaire initiale sur la sensibilité de *Plasmodium falciparum* à la chloroquine

Bulletin de la Société Royale des Sciences de Liège, Vol. 78, 2009, pp. 272 - 280
(Manuscrit reçu le 3 avril 2009, corrigé le 10 juin 2009)

RÔLE DE LA DENSITÉ PARASITAIRE INITIALE SUR LA SENSIBILITÉ À LA CHLOROQUINE DES ISOLATS DE *PLASMODIUM FALCIPARUM* EN CULTURE *IN VITRO*

KIPRE Gueyraud Rolland[1], GUEDE-GUINA Frédéric[1], DEPOIX Delphine[2], GRELLIER Philippe[2] et DJAMAN Allico Joseph[1,3]

[1]Laboratoire de Pharmacodynamie-biochimique, UFR Biosciences, Université de Cocody-Abidjan, 22 BP 582 Abidjan 22, Côte d'Ivoire
kip_rolland@yahoo.fr / Tél : 06 09 70 01 91 / 26 rue du Jet d'eau, F-13003 Marseille, France.

[2]USM 0504"Biologie fonctionnelle des protozoaires" EA 3335 Département "Régulation, Développement, Diversité Moléculaire" Muséum National d'Histoire Naturelle, Case Postale 52. 61 rue Buffon, F-75231 Paris Cedex 05, France.

[3]Laboratoire de biochimie, Institut Pasteur de Côte d'Ivoire, BP V 490, Abidjan.

Résumé

Cette étude a porté sur huit isolats de *Plasmodium falciparum* de densité parasitaire initiale (DPi) inférieure ou supérieure à 8000 GRP/µl), mis en culture *in vitro* selon la variante isotopique du microtest OMS en présence d'un antipaludique de référence, la chloroquine.
Les résultats de cette étude ont permis de mettre en évidence deux isolats CQ-S (25%) contre six isolats CQ-R (75%). En considérant la répartition de la population des isolats par rapport à la DPi, il a été obtenu parmi les cinq isolats de DPi > 8000 GRP/µl (0,2%), quatre isolats de phénotype résistant (80%) contre un isolat de phénotype sensible (20%). Par contre, parmi les trois isolats de DPi compris entre 4000 (0,1%) et 8000 GRP/µl (0,2%), l'un d'entre eux était CQ-S (33%) pour deux isolats CQ-R (67%).
En définitive, un test Kappa a permis de conclure qu'il n'existe pas de corrélation entre la charge parasitaire initiale et le phénotype des isolats de *P. falciparum* (kappa = 0,14), malgré le nombre relativement faible d'isolat mis en culture.

Mots clés : Côte d'Ivoire, chloroquine, phénotype, *Plasmodium falciparum*, malaria, test *in vitro*

Abstract

This survey carried on eight isolates of *Plasmodium falciparum* whose initial parasites density (iPD) was lower or superior to 8000 GRP/µls (0.2%) and put in *in vitro* culture according to the isotopic variable of OMS microtest in presence of a reference antimalarial drug (chloroquine).

The results of this study permitted to get two CQ-S isolates (25%) against six CQ-R isolates (75%). While considering the distribution of the population of *P. falciparum* malaria isolates in relation to the iPD, it was obtaines among the five isolates which iPD > 8000 GRP/µl (0.2%), four phenotype resistant isolates (80%) against one sensitive isolate (20%). On the other hand, among the three isolates which an iPD lower than 8000 RBC/µl (0.2%), one among them was CQ-S (33%) for two CQ-R isolates (67%).
Finally, a Kappa test permitted to conclude that it doesn't exist any relationship between the initial parasites density and the phenotype of *P. falciparum* isolates (kappa =0.14), in spite of the relatively weak number of *P. falciparum* malaria isolates

Keywords : Côte d'Ivoire, chloroquine, phenotype, *Plasmodium falciparum*, malaria, *in vitro* test

1. Introduction

Le paludisme demeure l'une des maladies parasitaires les plus fréquentes dans le monde et probablement l'une des plus meurtrières de toutes les affections humaines. Le bilan n'est guère optimiste car 3,2 milliards de personnes sont exposées au méfait de cette pathologie, soit plus de 41 % de la population mondiale (OMS, 2008). Chaque année, 300 à 500 millions de personnes sont atteintes de paludisme, souvent sous sa forme grave, avec 1 millions de décès (Greenwood & Mutabingwa, 2002; Bray *et al.*, 2006, OMS, 2008). Malheureusement, ce sont surtout les enfants de moins de 5 ans (OMS, 2008; Mabunda *et al.*, 2008) et les femmes enceintes (les primigestes) (Steketee *et al.*, 1996, Rogerson *et al.*, 2007 ; Tan *et al.*, 2008) qui payent le plus lourd tribut à ce triste record de mortalité pour la plupart en Afrique sub-saharienne.

L'une des difficultés de l'utilisation des amino-4-quinoléines, et des antimétabolites (antifoliques, antifoliniques) en particulier, est la propagation des isolats résistants (Djaman *et al.*, 2004). La résistance aux antipaludiques peut être déterminée, soit après un test *in vivo* appelé test d'efficacité thérapeutique, soit après un test *in vitro* dont le plus utilisé est le microtest OMS, soit encore après un test moléculaire grâce aux marqueurs génétiques de la résistance. Ces différents tests peuvent être couplés pour permettre une meilleure surveillance de la chimiorésistance de *P. falciparum* (Basco & Ringwald, 2000 ; OMS, 2002). Si les sujets à inclure dans le test d'efficacité thérapeutique doivent avoir une densité parasitaire comprise entre 2000 et 200 000 parasites asexués par microlitre dans les zones de paludisme à transmission permanente comme la Côte d'Ivoire, la densité parasitaire des sujets à inclure dans le test de chimiosensibilité *in vitro* nécessite une parasitémie initiale supérieure

273

ou égale à 4000 globules rouges parasitée par microlitre de sang (OMS, 1984). Dans ce dernier cas, lorsqu'il s'agit des tests réalisés sur des isolats de la "nature" (par opposition à une souche de laboratoire), la CI_{50} déterminée est la résultante de la sensibilité de la population des plasmodies de cet isolat. Ainsi, se pourrait-il qu'il y ait une relation entre la densité parasitaire initiale et le phénotype de l'isolat.

Dans la présente étude, nous présentons les résultats de l'analyse de l'influence du niveau de la parasitémie initiale sur l'expression de la sensibilité des isolats de *P. falciparum* à la chloroquine.

2. Sujets, matériel et méthodes

2.1. Sujets

Le Centre de Santé Communautaire de Koumassi a servi de cadre au recrutement de sujets atteints de paludisme non compliqué dont les prélèvements de sang satisfaisaient aux critères majeurs d'inclusion du test *in vitro*, densité parasitaire ≥ 4000 (0,1%) globules rouges parasités (GRP)/µl de sang et infection mono spécifique à *P. falciparum* (OMS, 1984). Tout sujet présentant un cas de paludisme grave et un taux d'hémoglobine inférieur à 8 g/dl a été exclu de l'étude. Les sujets inclus dans cette étude ont subi un prélèvement d'environ 5 ml de sang veineux sur anticoagulant (EDTA), nécessaire pour la réalisation du test de chimiosensibilité *in vitro*.

2.2. Milieu de culture et matériel biologique

Le RPMI 1640 contenant de l'HEPES [acide N-(2-hydroxyéthyl) pipérazine-N'-(2-éthanesulfonique)] 25 mM final, du bicarbonate de sodium ($NaHCO_3$) (Merck, Mannheim, Allemagne) 25 mM final a été nécessaire pour la préparation du milieu de culture initial encore appelé RPMI de lavage. Le milieu complet (RPS) est préparé par addition de 10% de sérum humain au RPMI de lavage.

Des globules rouges parasités (GRP) et des globules rouges sains (GRS) ont été utilisés en guise de matériel biologique pour préparer l'inoculum (milieu complet et sang parasité). Les plaques de 96 puits étaient pré-chargées en chloroquine (Aventis, Antony, France) dont les concentrations finales variaient de 12,5 nM à 1600 nM.

2.3. Méthodes

2.3.1. Préparation des globules rouges parasités

Le culot globulaire obtenu après lavage des GRP trois fois avec le RPMI de lavage a permis de sélectionner les parasites de *P. falciparum* au stade jeune parasite ou "ring". Toutefois, les isolats dont la densité parasitaire initiale étaient supérieure à 8000 GRP /µl (> 0,2%) ont été dilués à l'aide des globules rouges sains pour ramener le nombre de GRP entre 0,1 et 0,2%, avec un hématocrite de 50%.

2.3.2. Test *in vitro* de chimiosensibilité

Les isolats de *P. falciparum* sont maintenus en culture selon la méthode de Trager et Jensen (Trager & Jensen, 1976 ; Trager, 1990) dans le milieu RPMI 1640 contenant 10% de sérum humain. Après 42 heures d'incubation dans une étuve à CO_2, les nucléoprotéines et les membranes érythrocytaires et plasmodiales sont recueillies sur un papier filtre à l'aide d'un collecteur cellulaire (Skatron Titertex Cell Harvester, Lier, Norway), puis, la quantité d'hypoxanthine tritiée incorporée par les parasites est donnée en coup par minute (cpm) grâce à un compteur à scintillation liquide. Les résultats obtenus ont permis de tracer des droites de régression linéaire, puis de déterminer pour chaque isolat étudié la CI_{50} de la chloroquine en nanomolaire (nM). Le phénotype de l'isolat est noté, soit R pour résistant, soit S pour sensible selon que la CI_{50} soit supérieure ou inférieure à 100 nM.

2.3.3. Méthode statistique

Le test de Kappa de Cohen a permis de déterminer la concordance entre le niveau de densité parasitaire initial et le phénotype des isolats (Com-Nougue & Rodary, 1987). Ainsi, le degré de l'accord entre deux tests peut être qualifié comme suit : très bon, le coefficient kappa de Cohen sera $\geq 0,81$; bon, 0,61 - 0,80 ; modéré, 0,41 - 0,60 ; médiocre, 0,21 - 0,40 ; mauvais, 0 - 0,20 ; très mauvais, < 0.

3. Résultats

Au cours de cette étude, les 8 isolats mis culture avaient une parasitémie initiale variant de 4000 globules rouges parasités par µl de sang (GRP/µl) (0,1%) à 130000 GRP/µl (3,25%). Parmi ces 8 isolats, 3 (37,5%) avaient une densité parasitaire comprise entre 0,1% et 0,2%

(8000 GPR/µl), contre 5 isolats (62,5%) à densité parasitaire supérieure à 0,2%. Les CI déterminées ont permis d'identifier 6 isolats chloroquinorésistants (CQ-R) (75%) et 2 isola chloroquinosensibles (CQ-S) (25%) avec des CI_{50} variant de 31,25 nM à 280 nM. I moyenne arithmétique des CI_{50} variait de 205,5 ± 69,69 nM pour les isolats CQ-R contre ur moyenne de 26,95 ± 6,08 nM pour les isolats CQ-S.

L'analyse de la corrélation DPi/phénotype (R ou S) des isolats a permis d'obtenir parmi les isolats chloroquinorésistants, 4 isolats (67%) de DPi > 0,2%, contre 2 isolats (33%) de DPi 0,2%. Dans la population des isolats chloroquinosensibles, 1 isolat (50%) avait une DPi 0,2% pour 1 isolat CQ-S (50%) de DPi ≤ 0,2% (Tableau 1).

La recherche de la corrélation entre l'expression des phénotypes des isolats et la densi parasitaire initiale nous a donné une valeur de Kappa égale 0,14 (Tableau 2). Cette vale nous a permis donc d'affirmer qu'il n'y a pas de corrélation entre l'expression du phénotyp d'un isolat et sa densité parasitaire initiale.

Tableau 1 : Expression du phénotype des isolats en fonction de la Dpi

N° ISOLATS	DP INITIALE EN GRP x 1000 (% GRP)	CI_{50} en nM	PHÉNOTYPE
AM	6 (0,15%)	140	R
AO	25 (0,62%)	280	R
KM	15 (0,37%)	250	R
IB	130 (3,25%)	31,25	S
LF	6 (0,15%)	22,65	S
SM	24 (0,6%)	275	R
TA	20,5 (0,51%)	138	R
TM	4 (0,1%)	150	R

Tableau 2 : Concordance entre la densité parasitaire initiale et le phénotype des isolats de *P. falciparum*

DENSITÉ PARASITAIRE EN GPR/µL*	PHÉNOTYPE DES ISOLATS		Total
	CQ-R	CQ-S	
Supérieure à 8000 (0,2 %)	4	1	5
Comprise entre 4000 (0,1%) et 8000 (0,2%)	2	1	3
Total	6	2	8

*Kappa = 0, 14

4. Discussion

Le rôle de la densité parasitaire dans l'expression clinique et biologique du paludisme a déjà fait l'objet de quelques travaux (Touze et *al.*, 1989 ; Guiguemdé et *al.*, 1992 ; Djaman et *al.*, 2007). Il est ressortit de ces travaux qu'il n'existait pas de corrélation statistiquement significative entre la densité parasitaire et les symptômes cliniques et biologique du paludisme, bien qu'un niveau de parasitémie plus élevée soit constaté dans les formes aiguës du paludisme à *P. falciparum*. Malheureusement, au plan phénotypique, très peu d'études ont été consacrées à la relation entre le niveau de la parasitémie des isolats fraîchement récoltés provenant des malades présentant un accès palustre non compliqué et la survenue d'une chimiorésistance à *Plasmodium falciparum* en culture *in vitro*.

Les résultats de cette étude ont montré que l'expression du phénotype d'un isolat à la chloroquine n'était pas liée à la densité parasitaire initiale de celui-ci. En effet, l'isolat TM avec une parasitémie initiale de 4000 Grp/µl de sang était de phénotype résistant alors que l'isolat IB avec une parasitémie initiale de 130000 Grp/µl de sang avait un phénotype sensible à la chloroquine. Ce manque de corrélation entre expression du phénotype et densité parasitaire s'est donc traduit par une valeur de Kappa très petite.

Cependant, il faut noter que le plus grand nombre d'isolats résistants à la chloroquine provenaient d'isolats à forte densité parasitaire initiale (supérieure à 8000 Grp/µl).

Il est important de préciser que tous les isolats de cette étude provenaient de sujets atteints de paludisme non compliqué et non de porteurs asymptomatiques. Toutefois, étant donné que le test *in vitro* ne donne qu'une réponse globale de la population parasitaire prélevée et mise en culture, si la fraction de la population résistante (R) est de faible proportion, elle peut être méconnue, alors qu'elle pourrait être à la base d'une rechute chez le sujet malade (Charmot & Rodhain, 1982).

5. Références

BASCO L. K., RINGWALD P. (2000)
Chimiorésistance du paludisme : problème de la définition et de l'approche technique. Cahiers Santé 10, 47-50.

BRAY P.G., MUNGTHIN M., HASTINGS I.M., BIAGINI G.A., SAIDU D.K., LAKSHMANAN V., JOHNSON D.J., HUGHES R.H., STOCKS P.A., O'NEILL P.M., FIDOCK D.A., WARHURST D.C., WARD S.A. (2006)
PFCRT and the trans-vacuolar proton electrochemical gradient: regulating the access of chloroquine to ferriprotoporphyrin IX. Mol. Microbiol. 62, 238-251.

CHARMOT G., RODHAIN F. (1982)
La chimiorésistance chez Plasmodium falciparum : Analyse des facteurs d'apparition de d'extension. Med. Trop. 42, 418-426.

COM-NOUGUE C., RODARY C. (1987)
Revue des procédures pour mettre en évidence l'équivalence de deux traitements. Rev. Épidemiol. Santé Publique 35, 416-30.

DJAMAN J.A., KAUFFY P.C., YAVO W., BASCO L.K., KONE M. (2004)
Évaluation *in vivo* de l'efficacité thérapeutique de l'association sulfadoxine-pyriméthamine au cours du paludisme non compliqué chez les enfants de Yopougon (Abidjan, Côte d'Ivoire). Bull. Soc. Pathol. Exot. 97, 180-182.

DJAMAN J.A., MAZABRAUD A., BASCO L. (2007)

Sulfadoxine-pyrimethamine susceptibilities and analysis of the dihydrofolate reductase and dihydropteroate synthase of *Plasmodium falciparum* isolates from Côte d'Ivoire. Ann. Trop. Med. Parasitol. 101, 103-112.

GUIGUEMDÉ T.R, TOÉ A.C.R, SADELER B.C., GBARY A.R., OUÉDRAOGO J.B., LOUBOUTIN-CROC J.P. (1992)
Variation de la densité parasitaire de *Plasmodium falciparum* chez les porteurs asymptomatiques : conséquences dans les études de chimiorésistance du paludisme.
Med. Trop. 52, 313-315.

GREENWOOD B., MUTABINGWA T. (2002)
Malaria in 2002, Nature 415, 670-672.

MACETE E., APONTE J.J., GUINOVART C., SACARLAL J., OFORI-ANYINAM O., MANDOMANDO I., ESPASA M., BEVILACQUA C., LEACH A., DUBOIS M.C., HEPPNER D.G., TELLO L., MILMAN J., COHEN J., DUBOVSKY F., TORNIEPORTH N., THOMPSON R., ALONSO P.L. (2007)

Safety and immunogenicity of the RTS,S/AS02A candidate malaria vaccine in children aged 1-4 in Mozambique. Trop. Med. Int. Health 12, 37-46.

ORGANISATION MONDIALE DE LA SANTÉ. (1984)
Mode d'emploi du nécessaire d'épreuve (Micro-test) pour l'évolution de la réponse de *P. falciparum* à la chloroquine *in vitro*, 7p.

ORGANISATION MONDIALE DE LA SANTÉ. (2002)
Surveillance de la résistance aux antipaludiques, rapport d'une consultation de l'OMS, Genève, Suisse, WHO/CDS/CSR/EPH/2002.17, 35p.

ORGANISATION MONDIALE DE LA SANTÉ (2005)
Le rapport mondial sur le paludisme: Brienfing de 5 mn sur le rapport mondial 2005 de l'OMS et de l'UNICEF sur le paludisme. 5p.

ROGERSON S. J., HVID L., DUFFY P. E., LEKE R. F. G., TAYLOR D. W. (2007)
Malaria in pregnancy : pathogenesis and immunity. *Lancet Infect Dis*, 7 : 105-117.

Bulletin de la Société Royale des Sciences de Liège, Vol. 78, 2009, pp. 272 - 280

STEKETEE R.W., WIRIMA J. J., SLUTSKER L., HEYMANN D. L., BREMAN J. G. (1996)
The problem of malaria and malaria control in pregnancy in sub-Saharan Africa. Am. J. Trop. Med. Hyg. 55, 2-7.

TAN S. O., MCGREADY R., ZWANG J., PIMANPANARAK M., SRIPRAWAT K., THWAI K. L., MOO Y., ASHLEY E. A., EDWARDS B., SINGHASIVANON P., WHITE N. J., NOSTEN F. (2008)
Thrombocytopaenia in pregnant women with malaria on the Thai-Burmese border. Malaria Journal 7, 209-218.

TOUZE J.E., CHAUDET H., BOURGADE A., FAUGÈRE B., HOVETTE P., AUBRY P., PÈNE P. (1989)
Aspect cliniques actuels et rôle de la densité parasitaire dans l'expression du paludisme à *Plasmodium falciparum*. Bull. Soc. Exot. 82, 110-117.

TRAGER W. (1990)
On the establishment in culture of isolates of *Plasmodium falciparum*. Trans. R. Soc. Trop. Med. Hyg. 84, p 466.

TRAGER W., JENSEN J.B. (1976)
Human malaria parasite in continuous culture. Science 193, 673-675.

Annexe IV : Publication sur le rôle de la nature du sérum

KIPRE GUEYRAUD R.[1]
OUATTARA L.[1*]
FOFANA BEN I.[1]
GRELLIER P.[3]
GUEDE-GUINA F.[1]
DJAMAN J.[1,2]

ETUDE COMPAREE DE LA CULTURE *IN VITRO* DE SOUCHES DE *PLASMODIUM FALCIPARUM* SUR MILIEU CONTENANT DU SERUM HUMAIN NON DECOMPLEMENTE ET DECOMPLEMENTE

RESUME

Plasmodium falciparum, le parasite responsable du paludisme mortel de l'homme, est une cause majeure de morbidité et de mortalité dans tout le monde tropical. La culture *in vitro* du *Plasmodium* demeure l'une des méthodes indispensables pour la détermination du phénotype résistant et de la surveillance de l'efficacité d'un antipaludique. La culture de *Plasmodium falciparum* nécessite un milieu de culture, le RPMI 1640 (Roosvelt Park Medium Institute), dont l'efficacité est liée à l'addition de sérum humain. Il est donc nécessaire que les pays du sud puissent la pratiquer dans leur laboratoire.

Dans ce travail, le sérum humain décomplémenté utilisé comme sérum de référence (SR) additionné au RPMI 1640 est comparé au sérum humain non décomplémenté (SND) au cours de la culture *in vitro*. Ensuite, l'évaluation de la sensibilité *in vitro* de *Plasmodium falciparum* à la pyriméthamine est étudiée en fonction du type de sérum (SR ou SND) contenu dans le milieu de culture.

Les résultats obtenus montrent un taux de maturation plasmodiale à 20% (seuil inférieur de validité selon l'OMS). Ainsi, le taux de maturation des souches de laboratoire était de 83% avec FCB1, 75% avec PFB et 90% avec K1 lorsque le milieu de culture contient le SR. Il était de 77%, 75%, et 90% respectivement avec FCB1, PFB et K1, quand le milieu de culture contient le SND.

Quant au test de chimiosensibilité *in vitro* à la pyriméthamine, les CI_{50} obtenues avec le SND permet de conserver les mêmes sensibilités des souches, CI_{50} < 2000 nM souches sensibles (FCB1 et PFB) et CI_{50} > 2000 nM souches résistantes (K1), que le SR.

Mots clés : Culture *in vitro*, Sérum humain, Complément, *Plasmodium*.

1- Laboratoire de Pharmacodynamie-biochimique, UFR Biosciences, Université de Cocody, 22 BP 582 Abidjan 22
2-Laboratoire de biochimie, Institut Pasteur de Côte d'Ivoire, Bp V 490 Abidjan
3-USM 0504"Biologie fonctionnelle des protozoaires" EA 3335 Département "Régulation, Développement, Diversité Moléculaire" Muséum National d'Histoire Naturelle, Case Postale 52. 61 rue Buffon, 75231 Paris Cedex 05, France
*Correspondance à Ouattara Lacinan, 14 Bp 1382 Abidjan 14 / olacinan@yahoo.fr

SUMMARY

Comparative study of an in vitro culture of Plasmodium falciparum stubs on medium containing human serum with Plasmodium antibodies and human serum without Plasmodium antibodies

Plasmodium falciparum, the liable parasite for the mortal malaria, is the major cause of mortality and morbidity in tropical Africa.

The in vitro culture of Plasmodium remains one of essential methods for the determination of the proof phenotype and the surveillance of antimalarial drugs efficacy. The culture of Plasmodium falciparum requires a medium, RPMI 1640, of which the efficacy runs on to the addition of human serum. . It is therefore necessary to have a serum of good quality and at a lower cost in order to practice this technique in our laboratories.

In this work, the human serum of reference (SR) added to the RPMI 1640 is compared with the human serum containing Plasmodium antibodies (SND) during the in vitro culture.

After, the valuation of the sensitiveness in vitro of Plasmodium falciparum to the pyriméthamine is studied acting of the type of serum (SR or SND) contained in the middle of culture.

Our tests were carried out three laboratory strains namely K1, FCB1 and PFB. These strains stored in nitrogen and thawed liquidated maintained in culture in the RPS (RPMI containing 10% of washing of human serum) in an oven set at 37 °C of carbon dioxide and humidity of 95% during 42 hours in candle jar.

The results obtained, show a rate of plasmodial maturation higher than 20% (lower threshold of availability according to WHO). Thus, the rate of maturation on laboratory stubs is 83% with FCB1, 75% with PFB and 90% with K1 when the medium contains SR. It varies from 77%, 75%, and 90% respectively with FCB1, PFB and K1, when the medium contains SND.

As for the test of in vitro chemosensitivity to the pyriméthamine, the given IC_{50} make it possible to obtain the same sensitive (IC_{50} < 100 nM, FCB1 and PFB) and resistant (IC_{50} > 2000 nM, K1) laboratory stubs, as well with SR with SND.

Key words : In vitro culture, human serum, Supplement, Plasmodium

INTRODUCTION

Le paludisme demeure l'une des maladies parasitaires les plus fréquentes dans le monde et probablement l'une des plus meurtrières de toutes les affections humaines. En Afrique subsaharienne, on dénombre plus de 220 millions de cas avec près de 1 million de mort par an dont 75% sont les enfants de moins de 5 ans [Snow 1999, OMS 2005].

Malgré les efforts massifs pour contrôler le paludisme, le pourcentage de morbidité et de mortalité n'a pas changé de manière significative ces 50 dernières années [Greenwood 2004].

Dans la lutte contre cette parasitose, l'étude in vitro permet d'évaluer la sensibilité intrinsèque des parasites aux antipaludiques et de caractériser au plan épidémiologique la nature des isolats de Plasmodium circulant dans une zone donnée [Guigemde 1996]. Cette étude donne la possibilité de mesurer l'efficacité d'un antipaludique sans que n'interviennent les facteurs d'interférences dans la multiplication des parasites telle que l'immunité de l'hôte [Rieckmann 1971].

La culture de Plasmodium falciparum nécessite un milieu de culture, le RPMI 1640, dont l'efficacité est liée à l'addition de sérum humain soit dépourvu d'anticorps antiplasmodiaux, soit décomplémenté lorsque le sérum provient de sujet vivant en zone d'endémie palustre [WHO 1982, Schlichtherle 2000]. En effet, la présence d'anticorps antiplasmodiaux, tout comme les leucocytes dans le sang ajoute ses effets schizonticides à ceux du médicament étudié in vitro. La croissance des plasmodies est alors impossible par suite d'inhibition des jeunes trophozoïtes [Danis 1991].

Si le premier type de sérum (dépourvu d'anticorps) est difficilement accessible à cause de son coût élevé, le deuxième type de sérum (décomplémenté) nécessite un travail fastidieux de décomplémentation et de stérilisation sur filtre millipore lui-même onéreux pour la bourse des chercheurs du sud.

L'objectif de ce travail était d'évaluer l'efficacité du sérum humain non-décomplémenté dans la culture in vitro de souches de P. falciparum.

MATERIELS ET METHODES

1. MATÉRIEL BIOLOGIQUE ET MILIEU DE CULTURE

Trois souches de P. falciparum dont deux (PFB et FCB1) résistantes à la chloroquine mais sensible à la pyriméthamine et une (K1) résistante à la fois à la chloroquine et à la pyriméthamine ainsi que des globules rouges sains du groupe O$^+$ ont servi de matériels biologiques. Ces hématies saines ont servi pour la dilution du sang parasité lorsque la densité parasitaire était supérieure à 8000 parasites asexués par microlitre de sang.

Le RPMI 1640 contenant de l'HEPES 25 mM et du bicarbonate de sodium (NaHCO3) 25 mM a été utilisé comme milieu de culture pour les souches de P. falciparum. L'HEPES et le NaHCO3 jouent un rôle de double tampon et maintiennent le milieu de culture à un pH compris entre 7,2 et 7,4 [WHO 1982]. A ce milieu de culture, il a été ajouté 10% de sérum humain du groupe O$^+$ soit décomplémenté soit non décomplémenté.

2. MISE EN CULTURE DE L'INOCULUM (SANG PARASITÉ + RPMI CONTENANT LE SÉRUM)

Les souches PFB, FCB1 et K1 conservées dans l'azote liquide ont été décongelées et maintenues en culture dans le RPS (RPMI 1640 contenant 10% sérum humain dépourvu d'anticorps) pendant quelques jours afin d'obtenir une bonne densité parasitaire. Avant la culture en présence d'antipaludique, on a réalisé une synchronisation de la culture par un traitement du sang parasité par du sorbitol à 5% afin d'obtenir uniquement des parasites au stade jeunes («ring») pour les tests [Lambros 1979]. Le sang a été ensuite dilué si nécessaire par des globules rouges non parasités préalablement lavés.

Dans la première partie du travail les souches ont été maintenues en culture (incubation) dans le RPS (RPMI contenant 10% de sérum humain) dans une étuve réglée à 37°C en présence de gaz carbonique et 95% d'humidité pendant 42 heures [Le Bras 1983, Le Bras 1983] dans une jarre à bougie. Le sérum humain ajouté a été soit décomplémenté servant de référence (SR) soit non décomplémenté (SND). La décomplémentation a été faite dans un bain-marie à 50°C pendant au moins 45 minutes [Schlichtherle 2000] suivie d'une stérilisation sur filtre millipore. Ainsi, deux tubes contenant le même sérum dont le premier a été décomplémenté et le deuxième non décomplémenté (SND) furent préparés pour réaliser les tests de maturation in vitro dans les mêmes conditions.

La vérification de la maturation a été faite après 42 heures d'incubation par le comptage du nombre de schizontes pour 200 parasites asexués, après lecture des gouttes épaisses réalisées à partir des cultures en absence d'antipaludique.

La deuxième partie de ce travail a été consacrée au test de chimiosensibilité à la pyriméthamine en utilisant le SR parallèlement au SND pour vérifier la sensibilité des souches à la pyriméthamine.

C'est la variante isotopique du microtest OMS [Rieckmann 1978] qui a été utilisée dans ce travail. Elle mesure la capacité de doses croissantes d'un antipaludique à inhiber la croissance de *Plasmodium* dans un milieu de culture (RPMI contenant du sérum humain). Après 42 heures d'incubation, l'ADN a été recueilli après lavage sur un papier de fibre de verre à l'aide d'un collecteur cellulaire, puis, la quantité d'hypoxanthine incorporée par les parasites a été mesurée par un compteur à scintillation liquide (WALLAC, 1450 Microbeta TRILUX) en coup par minute.

Une droite de régression tracée par un programme à partir de ces valeurs a permis de déterminer la CI_{50} de chaque produit sur les deux souches pour chaque type de sérum.

RESULTATS

Le sérum humain référentiel ajouté au RPMI 1640 de lavage a permis d'obtenir des taux de maturation de trophozoïtes de *P. falciparum* en schizontes supérieurs à 20% (taux de maturation référentiel pour valider la culture *in vitro*) et ce, quelque soit la souche plasmodiale. Cette maturation est de 83% pour FCB1, 75% pour PFB et 90% pour K1. Lorsque le sérum n'était pas décomplémenté (SND, essai), le taux de maturation était de 77% pour FCB1, 70% pour PFB et de 80% pour K1 (figure 1).

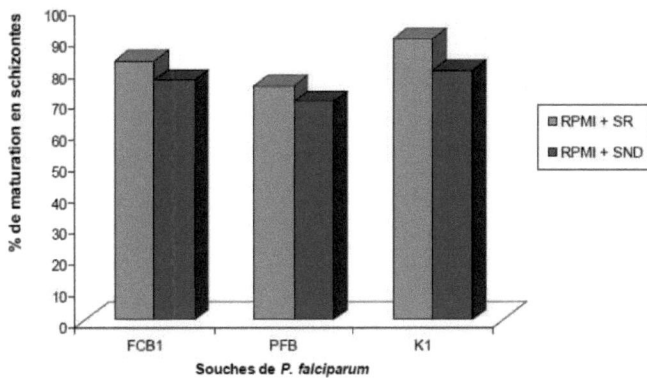

Figure 1 : Taux de maturation en schizontes de *P. falciparum* en fonction de la souche plasmodiale et de sérum.

Les résultats obtenus dans les tests de chimiosensibilité *in vitro* des souches dans un milieu contenant du sérum non décomplémenté avoisinaient ceux obtenus avec le sérum de référence. Les CI_{50} moyennes de la pyriméthamine étaient respectivement de 253.60 ± 52.75, 48.94 ± 1.34 et 4876.8 ± 562.57 nM pour les souches FCB1, PFB et K1 sur SR. Ces CI_{50} moyennes étaient de 210.58 ± 29.69, 48.29 ± 0.04 et 4877 ± 216.37 nM sur SND (tableau I).

Tableau I : Sensibilité *in vitro* à la pyriméthamine des souches de *P. falciparum* selon le sérum ajouté au milieu de culture (RPMI 1640)

Souches Plasmodiales	CI_{50} en nM de la pyriméthamine (*n = 3)	
	Sérum décomplémenté (SR)	Sérum non décomplémenté (SND)
FCB1	253,31 ± 52,75	210,58 ± 29,69
PFB	48,94 ± 1,34	48,29 ± 0,04
K1	4876,8 ± 52,57	4804,75 ± 216,37

n est le nombre de tests réalisés.

DISCUSSION

Le taux référentiel de croissance des jeunes trophozoïtes en schizontes indiqué par l'OMS pour valider un test de chimiosensibilité et déterminer ensuite l'activité antiplasmodiale d'une substance est de 20% [Schlichtherle 2000].

Au vu des résultats obtenus avec le SND (77% pour FCB1, 70% pour PFB et 80% pour K1), il ressort que le sérum non décomplémenté ne présente pas de risque d'inhibition de la maturation des plasmodies en culture *in vitro*. Il permet d'obtenir des résultats aussi satisfaisants que le SR suggéré et utilisé jusqu'alors au cours de l'évaluation in vitro de la chimiosensibilité de *P. falciparum*. L'intérêt de cette étude était d'avoir obtenu au moins 20% de schizontes dans les cultures sans antipaludique et sans hypoxanthine qui nous ont servi de témoins afin de lancer nos tests isotopiques et de déterminer la CI_{50} des souches vis-à-vis de la pyriméthamine sur milieu contenant du SND.

En effet, si certains auteurs ont démontré le rôle déterminant des anticorps antiplasmodiaux dans l'immunité contre les formes sanguines asexuées de *P. falciparum* [Danis 1991], de nombreux travaux ont tenté de déterminer le mode d'action de ces anticorps [Bruce-Chwatt 1984]. Il a été mis en évidence à la surface des globules rouges parasités par *P. falciparum*, un antigène spécifique appelé antigène HRP2 (Histidine Rich Protein 2) [Martet 2000] qui est une glycoprotéine avec le galactose comme sucre. La reconnaissance de cette protéine par les anticorps antiplasmodiaux permet de former un complexe qui exerce une action destructrice sur le *Plasmodium* à l'intérieur du globule rouge. La série de lavage (trois fois) entreprise suivie de centrifugations puis de l'élimination de la couche leuco-plaquettaire avant la mise en culture des parasites, a pour but d'éliminer les protéines HRP2 présentes à la surface des hématies parasitées et nécessaires à la fixation des anticorps et à la formation du complexe anticorps-anti-HRP2. A la fin de ce lavage, nous obtenons des globules rouges dépourvus ou faiblement pourvus de protéines HRP2; dès lors le *Plasmodium* peut subir une maturation par division mitotique de son noyau et atteindre le stade schizontes (stade à plusieurs noyaux).

Ces résultats sont en accord avec les tests de Djaman [2002], qui a obtenu des résultats similaires avec des isolats de la nature et une même sensibilité avec la chloroquine.

CONCLUSION

Il est possible aujourd'hui avec le sérum non décomplémenté (SND) de réaliser un test de chimiosensibilité et de réaliser les cultures in vitro de P. falciparum. Face au paludisme qui touche particulièrement l'Afrique subsaharienne [WHO 1998], l'utilisation SND additionné au RPMI permettra aux laboratoires du sud de réaliser une surveillance des souches de P. falciparum circulant dans leur pays. Il est également possible de mesurer la sensibilité de ces souches par rapport aux antipaludiques usuels et permettre le criblage systématique de nouvelles substances antipaludiques comme celles issues de la pharmacopée traditionnelle africaine [O'Neil 1980, Phillipson 1986].

BIBLIOGRAPHIE

1- Bruce-Chwatt L, Black RH, Canfield DCJ, Clyde DF, Peters W et Wernsdorfer WH. (1984) Rôle de l'immunité dans la chimiothérapie du paludisme in chimiothérapie du paludisme 2ème éd., OMS. 274 p.

2- Danis M et Mouchet J. (1991) La réponse immune de l'hôte, l'adaptation du parasite et chimiorésistance des *Plasmodiums* in Paludisme. éd., marketing : ellipses. 240 p.

3- Djaman AJ, Coulibaly PA et Guédé-Guina F. (2002) Culture in vitro d'isolats de *P. falciparum* sur milieu contenant du sérum humain non décomplétement. *Rev Iv Sci Tech* ; 3 : 119-26.

4- Guiguemde TR, Gbary AR, Coulibaly CO et Ouedraogo JB. (1996) Comment réaliser et interpréter les résultats d'une épreuve de chimiorésistance de *P. falciparum* chez les sujets malades en zone tropicale. *Santé* ; 6 : 187-91.

5- Greenwood B. (2004) Malaria : between hope and hard place. *Nature* ; 3 : 418-20.

6- Lambros C et Vanderberg JP. (1979) Synchronization of *Plasmodium. falciparum* erythrocytic stages in culture. *J Parasitol* ; 3 : 418-20.

7- Le Bras J et Deloron P. (1983) In vitro study of drug sensitivity of *Plasmodium falciparum* an evaluation of a new semi microtest, *Am J Trop Med Hyg*; 32 : 447-51.

8- Le Bras J, Deloron P, Ricour A, Andrieu B, Savel J et Coulaud JP. (1983) *Plasmodium falciparum* : drug sensitivity in vitro of isolates before and after adaptation to continuous culture, *Exp Parasitol* ; 56 : 9-14.

9- Martet G et Peyron F. (2000) Généralités, les outils du diagnostic in diagnostic du paludisme, 22p.

10- O'Neil JM, Bray DH, Boardman P et Phillipson D. (1986) Plants as sources of antimalarial drugs : in vitro antimalarial activities of some quassinoids. *Antimicrobial Agent and Chemotherapy* ; 30 : 101-4.

11- OMS 2005. Le rapport mondial sur le paludisme : Brienfing de 5 min sur le rapport mondial 2005 de l'OMS et de l'UNICEF sur le paludisme. 5 p.

12- Phillipson D et O'Neil JM. (1986) Novel antimalarial drug from plants ? *Parasitology Today* ; 2 : 355-58.

13- Rieckmann KH, Campbel GH, Sax LJ et Mrema JE. (1978) Drug sensitivity of *Plasmodium falciparum*. An *in vitro* microtechnique. *Lancet* ; i : 22-3.

14- Rieckmann KH et Lopes-Antunamo FJ. (1971) Mode d'emploi du nécessaire d'épreuve pour l'évaluation de la réponse de *P. falciparum* à la chloroquine *in vitro*. *Bull Org Mond Santé* ; 45 : 157-67.

15- Schlichtherle M, Wahlgren M, Perlmann H et Scherf A. (2000) Methods in malaria research third. MR4/ATCC éd., Manassas, Virginia. 77 p.

16- Snow RW, Craig M, Daichmann U et Marsh K. (1999) Estimating mortality, morbidity and disability due to malaria among Africa's non-pregnant population. *Bull World Healf Organ* ; 77 : 620-40.

17- WHO 1998. Paludisme, aide mémoire révisé n°4, 6p.

18- WHO 1982. Mode d'emploi du nécessaire d'épreuve pour l'évaluation de la réponse de *P. falciparum* à la chloroquine et à la méfloquine *in vitro*, MAP/82, 9p.

RESUME

Plasmodium falciparum, le parasite responsable du paludisme mortel de l'homme, est une cause majeure de morbidité et de mortalité dans tout le monde tropical. Le traitement de cette pathologie est rendu difficile ces dernières années à cause de l'émergence de souches résistantes de *P. falciparum*, agent majoritairement mis en cause dans le paludisme en Afrique subsaharienne, aux antipaludiques usuels (amino-4-quinoléines, antifoliques et antifoliniques), principalement la chloroquine, accessibles à la plupart des familles à revenu modeste.

Afin de pallier cette situation, l'action antiplasmodiale et potentialisatrice de la chloroquine de *Olax subscorpioidea* (OLSU) et *Morinda morindoides* (BGG), deux plantes de la flore ivoirienne, ont été testées sur des souches de laboratoire et isolats cliniques.

Les résultats ont révélés que les extraits acétate d'éthyle (extrait C) de OLSU et BGG possèdent la meilleure activité antiplasmodiale avec une CI_{50} moyenne de $28,12 \pm 0,71$ µg/ml et $5,22 \pm 0,31$ µg/ml respectivement sur les souches résistantes.

De plus, la concentration de 12 µg/ml de OLSU associée à la chloroquine, permet à cette dernière de retrouver sont activité antiplasmodiale sur les isolats clinique et souches de laboratoire résistants.

Mots clés : *Olax subscorpioidea*, *Morinda morindoides*, *Plasmodium falciparum*, souches résistantes

ABSTRACT

Plasmodium falciparum, the parasite responable of human malaria, is a major cause of morbidity and mortality throughout the tropical world. The treatment of this disease is made difficult in recent years by the emergence of resistant strains of *Plasmodium falciparum*, a predominantly implicated in malaria in sub-Saharan Africa, the usual antimalarial (4-amino quinolines, antifolates and antifoliniques), mainly chloroquine, available to most low-income families.

To remedy this situation, we are interested by antiplasmodial action and chloroquine potentiating of *Olax subscorpioidea* (OLSU) *and Morinda morindoides* (BGG) two plants of Ivory Coast pharmacopoeia.

The results revealed that extract C of OLSU and BGG has the best antiplasmodial activity with an average IC_{50} of 28.12 ± 0.71 mg / ml and 5.22 ± 0.31 mg / ml, respectively, with resistant strains. Moreover, the concentration 12 mg / ml of OLSU associated with chloroquine, allows the latter to return are antiplasmodial activity on resistant strains and isolates.

Keywords : *Olax subscorpioidea*, *Morinda morindoides*, *Plasmodium falciparum*, resistant strains

i want morebooks!

Buy your books fast and straightforward online - at one of world's fastest growing online book stores! Environmentally sound due to Print-on-Demand technologies.

Buy your books online at
www.get-morebooks.com

Achetez vos livres en ligne, vite et bien, sur l'une des librairies en ligne les plus performantes au monde!
En protégeant nos ressources et notre environnement grâce à l'impression à la demande.

La librairie en ligne pour acheter plus vite
www.morebooks.fr

VDM Verlagsservicegesellschaft mbH
Heinrich-Böcking-Str. 6-8　　Telefon: +49 681 3720 174　　info@vdm-vsg.de
D - 66121 Saarbrücken　　　Telefax: +49 681 3720 1749　　www.vdm-vsg.de

Printed by Books on Demand GmbH, Norderstedt / Germany